宠物之家

宠物心理
指导手册
—— 81问带你解锁爱犬密码

THE DOG PAWSONALITY TEST

［英］艾莉森·戴维斯
（Alison Davies） 著

［乌］艾莉萨·列维
（Alissa Levy） 插画

林瑄 译

科学普及出版社
·北京·

图书在版编目（CIP）数据

宠物心理指导手册：81 问带你解锁爱犬密码 /（英）艾莉森·戴维斯著；林瑄译 . —北京：科学普及出版社，2023.2
（宠物之家）

书名原文：The Dog Pawsonality Test
ISBN 978-7-110-10530-6

Ⅰ.①宠… Ⅱ.①艾…②林… Ⅲ.①宠物 – 动物心理学 – 手册 Ⅳ.① B843.2-62

中国国家版本馆 CIP 数据核字（2023）第 024638 号

版权登记号：01-2022-4587
Dog Pawsonality Test ©2022 Quarto Publishing plc
Illustrations ©2022 Alissa Levy
本书中文版由 White Lion Publishing 授权科学普及出版社出版。未经出版者书面许可，不得以任何方式复制或抄袭或节录本书内容。
版权所有，侵权必究。

策划编辑	符晓静　肖　静
责任编辑	白　珺
封面设计	红杉林文化
正文设计	中文天地
责任校对	邓雪梅
责任印制	徐　飞

出　　版	科学普及出版社
发　　行	中国科学技术出版社有限公司发行部
地　　址	北京市海淀区中关村南大街 16 号
邮　　编	100081
发行电话	010-62173865
传　　真	010-62173081
网　　址	http://www.cspbooks.com.cn

开　　本	787mm×1092mm　1/16
字　　数	94 千字
印　　张	8
版　　次	2023 年 2 月第 1 版
印　　次	2023 年 2 月第 1 次印刷
印　　刷	北京利丰雅高长城印刷有限公司
书　　号	ISBN 978-7-110-10530-6 / B・84
定　　价	58.00 元

（凡购买本社图书，如有缺页、倒页、脱页者，本社发行部负责调换）

目录 Contents

1
简介

3
用书指南

4
犬类六大特征

7
领头狗

你的狗狗是群体中的领导者，还是忠实的追随者？本节测试可以看出狗狗在家庭中的社交地位以及在狗群里扮演什么样的角色。

19
狗狗的打盹风格

你的狗狗也许会在美梦中流口水，也许喜欢在睡觉时紧挨着你。本节测试可以帮助你了解狗狗睡眠习惯背后的深意。

30
狗狗的天地，自己闯

狗狗和你的互动中藏着丰富的含义。你的狗狗总是引吭高歌，还是一声不吭？它是个喧闹嬉皮士，还是个午夜兴奋者？在本节测试中，我们可以看看它们多种多样的声音传递了什么信息，又是如何与你交流感情的。

43
狗狗的生活

本节测试可以帮助我们了解狗狗的日常生活，观察它们如何应对生活中的种种困扰，无论是愉快的玩耍还是突发的波折，狗狗都要从容应对。

55
狗狗的自我定位

不管是那些难伺候的贵公子或大小姐，还是好养活的小可爱，在本节测试中，我们可以通过狗狗打扮自己的方式以及那些标志性的动作，来了解它们深藏的内心世界。

67
狗狗有智慧，狗狗要训练

本节测试可以检测出狗狗的受训习惯以及它们对指令的反应情况。一起来看看，你的狗狗是才智过人的学霸，还是得过且过的懒蛋？

79
狗狗的吠叫和玩耍

你的狗狗是热情主动的贵宾犬，还是害羞内向的斗牛犬？本节测试会揭示狗狗玩耍时的行为倾向，让你知道狗狗是更喜欢随便玩玩游戏，还是更想像专业运动员一样去参与竞技，以及出现这些偏好的原因。

91
狗狗的感情

和狗狗在一起不仅能够培养第六感，更能带你奔向快乐。在本节中，你将了解人类与狗狗之间的特殊联系，并厘清你与狗狗建立起感情的每一个小细节。

103
狗狗在行动

来一起探究你的狗狗在更广阔天地里是如何大有作为的吧。它是户外冒险家，还是喜欢时刻被你牵着的乖巧小跟班？它更像是小姑娘一样听话的探索者，还是永远想扩大领地的野心家？

114
六种狗狗类型计分表

115
结语

117
更多内容

简　介

　　狗狗哪怕只是流露天性，就能让人心情愉悦。它们热情摇摆的尾巴，撩动人心的清澈眼神，忠诚的天性，还有取悦主人的撒欢，都使它们在宠物界牢牢占据一席之地，被称为"人类最好的朋友"。早在冰河世纪，野狼就开始跟在人类身边狩猎，也许它们最初的目的是争夺食物，但很快它们就发现，与人类协作更有益处。经年累月的配合使人类意识到可以利用这种犬类动物的力量，于是驯化这些野兽，通过喂养使野狼进化成了狗。

　　今天，狗狗已经完全成为人类家庭中的"毛孩子"，不仅在我们的生活中扮演着重要的角色，还给我们带来无尽的欢乐。但到底是什么原因使狗狗养成了现有的生活习惯？它们的小心思都在明面上，最让狗狗们喜爱的无非就是揉揉肚皮，睡个午觉，有好东西吃。但仔细想想就会发现，还有很多事情是我们自以为了解，但实际上几乎一无所知的。

　　狗狗真的会对着空气乱喊乱叫吗？还是这是狗狗发号施令的方式？它们转圈追着自己的尾巴，到底是在玩耍，还是在试图弄晕我们？它们突然四肢贴地匍匐前进，是为了偷偷搞出什么名堂？你是否充满了疑惑？它们可能也同样摸不着头脑。狗狗的大脑有橘子那么大，其容量足够指挥它们犯迷糊、搞事情，随时随地狂舔主人的脸。只需 30 秒，狗狗就能完成从毛茸小可爱到混世大魔头的切换，这种变化就像一个未解之谜。也许你永远都无法知道全部答案，但这一切都有原因。凭借这本狗狗行为的解谜之书，你可以一探究竟，看看你的狗狗究竟在想些什么。毕竟，狗狗让你的生活充满快乐，了解它们就是最好的回报。你对狗狗的性格了解越多，就越能帮它们过得开心，成为它们最好的人类伙伴。同时，你也能掌握一些训练狗狗的小诀窍，让狗狗学会各种小把戏，这难道不是一件有趣的事情吗？

真正了解你的爱犬也许要花费一生的时间，不如就从这本书开始，里面一定有你想知道的东西，我们将陪你从基础开始了解狗狗的性格，破解狗狗的密码。

用书指南

本书中的 9 个小测验分别对应狗狗性格的不同方面。选择一个测试主题，在 A～D 的 4 个选项中选取一个和你的爱犬最匹配的答案，测试结束时统计各个选项的数目，就能找到和你的爱犬最匹配的性格档案。

想知道不同品种的狗狗什么时候会展现自己的小怪癖吗？把书翻到第 118～121 页，你就能了解更多流行品种以及它们的典型性格特征。你的爱犬是更赖于天性而不愿服从后天培养，还是哪怕作为一只迷你贵宾犬，也和洛特维勒牧羊犬一样，被培养出钢铁般的意志和令人惊叹的勇气？

本书虽然基于实际调查研究，但并不是一本科学书籍，而是一本帮助你更好地理解狗狗的指南，让你更好地和狗狗建立亲密关系。狗狗总会带来惊喜，所以即使测试结果并不明晰，也无须纠结。在完成所有测试后，你就能探究狗狗复杂多面的内心世界。

犬类六大特征

勾勒狗狗的性格轮廓离不开 6 个主要特征（见下页）——这是 1979 年最早由美国养犬俱乐部针对现代犬科总结出来的六大特点——应该也和你的狗狗完美契合。完成 9 个测试后，把相应的测试结果加起来，填入第 114 页的表格里，找出最符合你家狗狗整体特征的一项，就能看到狗狗的整体画像。

犬类六大特征

2
稳定型
这类狗狗友好，擅长社交，它们喜欢成为家庭的中心人物。

3
外向型
这类狗狗非常自信，喜欢探索外界，获得新的体验，做一只领头狗。

1
主导型
这类狗狗强而有力，可以临危不惧地应对大多数情况。

4
内向型
这类狗狗较为敏感，需要极大的安全感，会与主人建立亲密的关系。

5
适应型
这类狗狗性格温柔，讨人喜欢，它们也许没那么自信，但是很好相处，并且极为顺从。

6
独立型
这类狗狗对人类的陪伴并不感冒，当有了目标后，它们便为之努力奋斗。

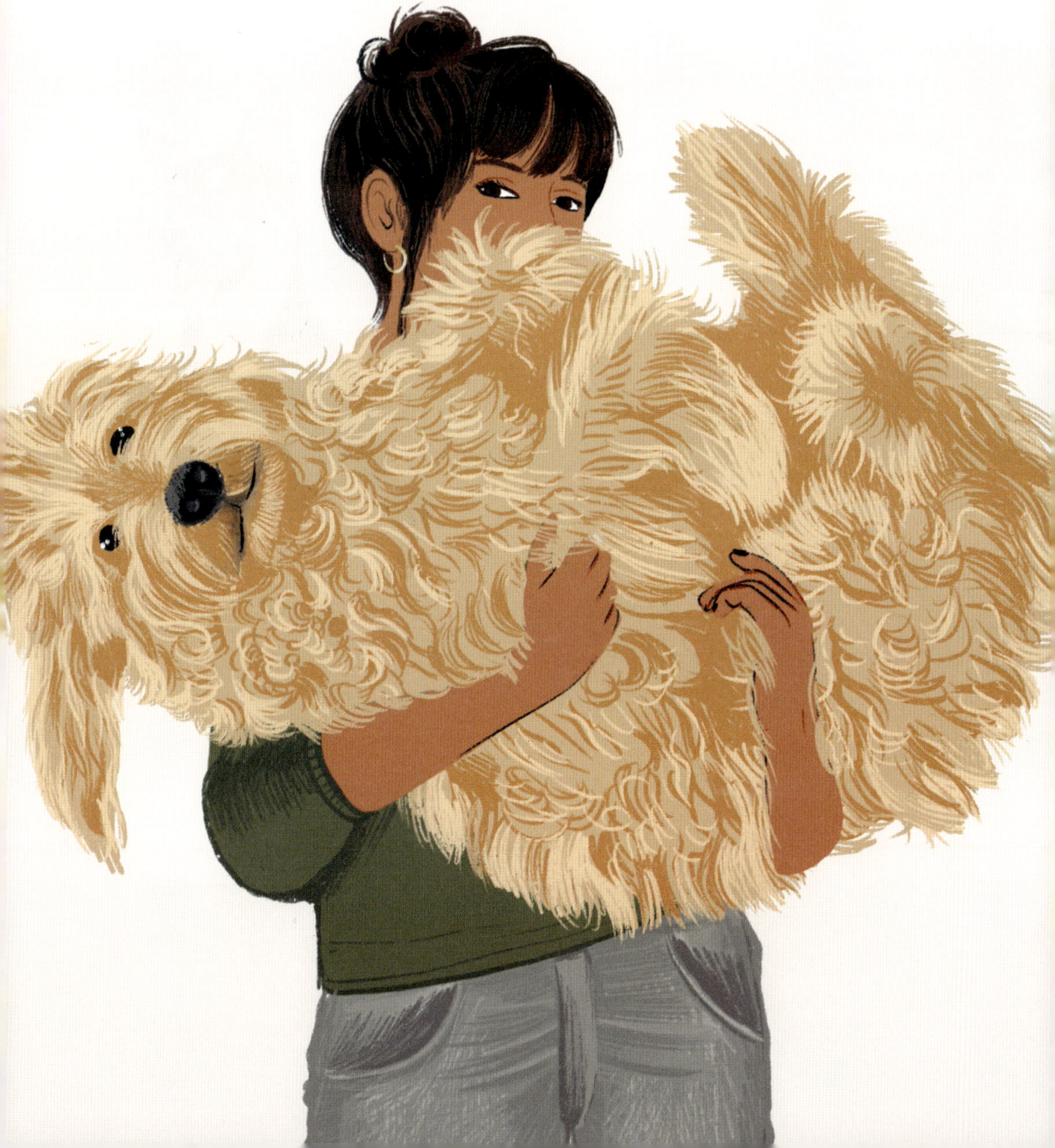

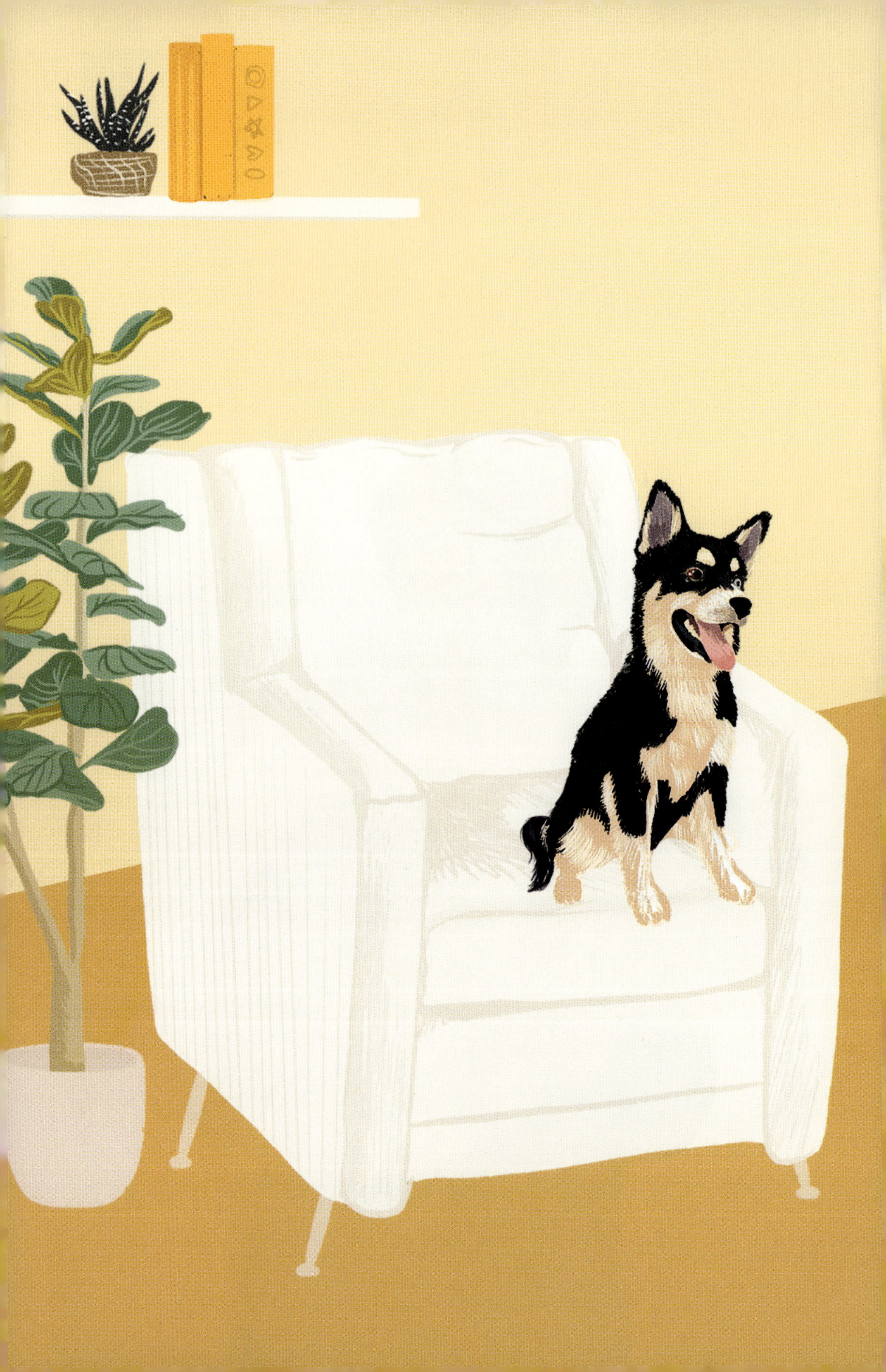

领头狗

你的狗狗有多自信？

狗狗具有天生的本能，这种本能促使它们成为动物中的佼佼者。这种天生的冲动在它们出生后会一直发展，有些狗狗就这样成为天生的领导者，而另一些则成为追随者。主导型的狗狗总能在生存竞争中轻松赢得母亲的关注，随着时间的流逝，每只狗狗都能在群居生活中根据自己的天性找到归宿。

狗狗身处一个更加庞大的等级制度中，这一切都是由一些先决条件决定的，正如在你们家里，狗狗也是通过这样的方式找到适合自己的位置的。性格是其中的一个重要因素，过度敏感或内向的小狗会缺乏自信。狗狗品种不同，对其性格也会产生一定的影响。也许你认为体形越大的狗狗就越是主导型的犬类，抑或是领导者的不二之选，而事实却是体形较小的品种反而能够担此重任。

并不是每只狗狗都想成为领头狗，一些狗狗更愿意做追随者，还有一些更愿意做调停者，让天生就具有领导气质的狗狗列队在前。辨别狗狗的领导力强弱，能够揭示它们内在的精神世界。它们是想统领世界，还是只想霸占你在沙发上的位置？

Q1. 在家里，家庭成员之间存在不断变化的相处模式，你的狗狗总能在其中找到自己的位置。你在狗狗的眼里是什么样的？

A. 他的作案"同党"

B. 最好的伙计

C. 他的爸爸或妈妈

D. 他族群中的一员

Q2. 夜晚休闲看电影时，夺得沙发最佳位置的，是你还是你的狗狗？

A. 她很大方地把位置让给你，只要你能让她靠在身边

B. 她不在意这样的事情，只要附近能有舒服的地方让她小憩

C. 当然是你，但前提是同意让她蜷缩在你的腿上

D. 她会抢占先机，如果你试图把她挪走，她就躺在沙发上耍赖装死

Q3. 你的狗狗会怎么交新朋友？

A. 一步步来，通常他会先嗅嗅对方留在地上的味道

B. 很容易，和其他狗狗相互打闹，兴奋地狂吠

C. 他很害羞，要花很长时间才能信任别的狗狗

D. 他不会和别的狗狗成为朋友，只能是上下级的关系

Q4. 当你的狗狗和其他狗狗正面遭遇的时候，会出现什么结果？

A. 两只狗狗都会向对方狂吠，她一点都不怕

B. 她会尽量避免冲突，但在必要的时候她也不会退让

C. 你可以想象，她一下就躲到你身后、路灯后或草垛后

D. 没什么能吓到她：她可是位女王

Q5. 你家狗狗可以和别人分享对你的爱，还是你只属于他？

A. 他很喜欢认识新朋友，但你是他的最爱

B. 他对任何人都很友好

C. 其他人？其他人是什么？他有你就够了

D. 他能忍受其他人，只要他们能找准自己的位置

Q6. 晚饭是狗狗最爱的烤鸡肉，她会怎么办？

A. 顺走一只鸡翅膀

B. 跟你撒娇，用头蹭你，直到你分给她一份

C. 她会舔着嘴巴，流着口水，等你感到愧疚的时候，自然就会分给她一份

D. 把小脑袋搭在餐桌上，这还不给她吃吗

Q7. 如果你的狗狗加入了一个比较大的族群，他会处于什么位置？

  A. 为队伍注入新鲜血液，带着大家进行新的冒险

  B. 他会是每个人的好伙伴，也是整个队伍的一员

  C. 跟随领头狗执行任务，这让他觉得更安心

  D. 他就是领头狗，安排组织一切，对所有的事情做主

Q8. 你的狗狗对待生活的态度和哪个卡通形象最相似？

  A. 时髦且活泼的布莱恩·格里芬

  B. 快乐的圣诞老人小帮手

  C. 随时都会被吓到的史酷比

  D. 掌握大权的史努比

Q9. 在一个全是小朋友的房间里,你的狗狗会做什么?

A. 追着自己的尾巴跑来跑去,和孩子玩闹

B. 确保所有小朋友都能摸到他,抱抱他

C. 躲在角落里小声呜咽

D. 躲得远远的,生怕小朋友黏糊糊的手指碰到自己

测试结果

小叛徒
稳定型＆外向型

　　厚脸皮是这类狗狗的代名词。她们的生命就像一场盛大的游戏，她有自己的角色要去扮演。这类狗狗友好又有趣，她们似乎天生就是为了派对而存在，但这并不意味着，如果哪里出了问题，她们不会发出任何抱怨。当涉及自己的同伴时，她不会轻举妄动，但是她和你之间的情谊是不变的。一旦她分清楚了谁是谁，那她就会马上回到自己熟悉的快乐生活中。就像人们希望的一样，她永远都只关注着你。成为家庭的一员是她最开心的事情，不过她也会时不时给你点颜色，避免你过得太舒服。你可能会发现很多东西不见了或被咬得面目全非。她做任何事都是为了让你开心，当然，你要听她的。

大多数选项为 **B**

团队玩家
稳定型 & 适应型

生活惬意，情绪放松，生活毫无负担，这类狗狗最喜欢轻松的生活。让那些爱出风头的狗狗冲在前面吧，展示自己最好的一面。要是出现了小鸟或猫咪，他就会马上躺倒在地，嚼着吱吱作响的玩具。他喜欢跟自己的小狗伙伴一起行动。这类狗狗属于温顺、好相处的犬种，就像卷毛比熊犬和小猎犬一样，他是所有人的好朋友，在你需要的时候默默给你安慰。如果他可以说话，那一定是个中立人士。团队玩家类的狗狗也非常聪明，不仅能读懂你的情绪和需求，在他想要零食的时候，也总能找到合适的时机翻翻肚皮求宠爱。他的名言就是"想要沉溺在你的温柔善意中"，只要能蜷缩在你的脚边，哪怕以上伎俩都失败了，他也能欣然接受。

领头狗

大多数选项为 C

可爱小狗

内向型＆适应型

  这类狗狗容易焦虑紧张，需要人类的疼爱，但这不是她的错。她就像在一堆杂物里发出轻不可闻的呜咽声的小牛一样，对她的甜蜜滋养，还有充满爱意的拥抱是她超能力的来源。这个小东西足以融化一切坚如磐石的心，不过不要指望她立场坚定。一旦看见有狗狗打架，她就会马上逃跑，无论是沙发下面还是你的衣服堆上，都是她藏身的好地方，只要你在身边，一切都好。她需要你帮助她消除恐惧，而且时刻需要听你的指令。对她来说，你就是绝对领导者，也是她生活中不可或缺的一部分。这个类型的狗狗鼻头总是湿漉漉的，眼里都是悲伤，她知道如何能牵动你的心。抛开紧张敏感这一点，这类狗狗像珍宝一般。她需要的就是一点点额外的爱，这样就能照亮她的整个世界。

大多数选项为

D

狗司令

主导型 & 外向型

  这类狗狗可是大佬中的大佬。他能够以领导者的身份带领所有人,还让大家都心甘情愿。它们身形强壮,四肢健全,意志坚定,能够完成所有目标,不留任何商量的余地。领导型的狗狗也许只是少数,但只要悉心训练,让它们不要太以自我为中心,那它们就能乖巧听话。在家里,它们是绝对的领导者,守护着自己在电视机前的专属座位,保护自己在你床上应有的领地。它们通常都不太吭声,尤其是在享用美味或被你拥抱的时候。这类狗狗有着一颗大而柔软的心,千万别把这一点告诉其他狗狗。归于这类的狗狗最有可能是一些智商极高的品种,如洛特维勒牧羊犬、德国牧羊犬等。体态和大小并不是决定它们是否能成为"司令"的因素,真正能证明一切的是它们的内在,即使是最小的狗狗,也会在柔软的皮毛下隐藏一颗钢铁般的心。如果你的家里有这类狗狗,那就在玩耍的时候给他足够的自由,如果他有越界的行为,那你就要设定一些规矩,坚守原则,让他知道谁才是家里真正的老大。

领头狗

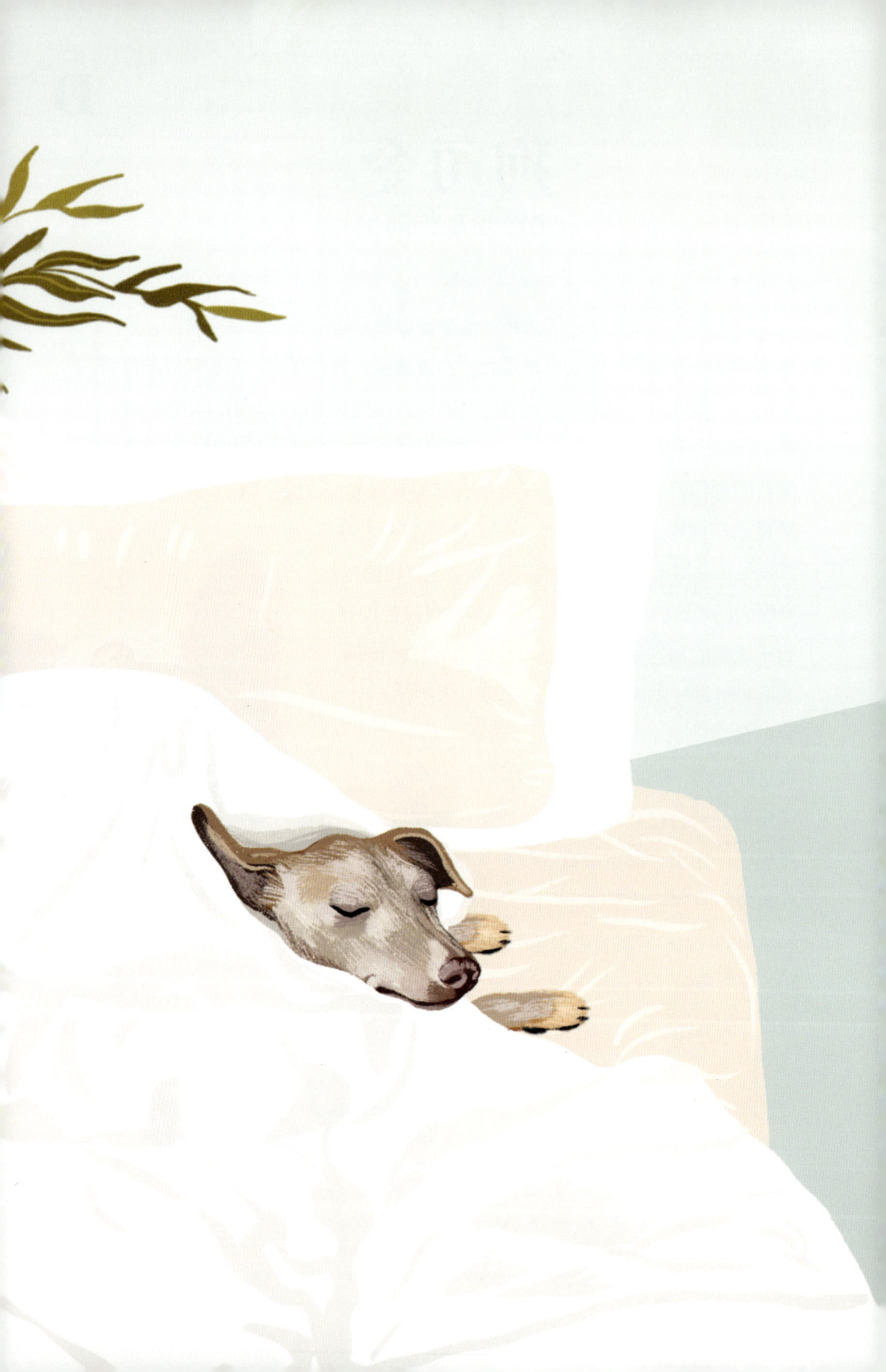

狗狗的打盹风格

你家狗狗的睡眠模式是什么？

狗狗经常打盹，人人都想抱住正在睡觉的狗狗，揉揉它们毛茸茸的身体。狗狗将午睡演变成一种行为艺术，几乎每天都要睡 14 个小时。有些狗狗甚至能睡更长时间，如哈巴狗等小型犬或獒犬等稍微大一些的品种，它们一般需要每天睡够 18 个小时。

也许你认为狗狗很懒，但睡眠是它们日常生活中很重要的一部分，这对于它们的健康和成长都大有益处。除了一些短鼻狗的睡眠会给你带来困扰，如哈巴狗或斗牛犬，它们的鼾声太大，你需要调高电视的音量才能盖住。随着狗狗年岁渐长，尤其当你允许狗狗睡在你旁边时，这种情况会愈发严重。

有些狗狗睡眠较轻；它们看上去时刻昏昏欲睡，但稍有风吹草动就会马上醒过来。无论是肉汉堡的香味飘过来，还是铃铛发出轻微的声响，在其他狗狗还在呼呼大睡的时候，这类狗狗转眼间就会出现在你身边。无论你家狗狗的睡眠习惯是什么，你都能通过观察它们睡觉的方式、时间和地点来了解更多东西。

Q1. 狗狗倒头就睡的习惯会让家里变得杂乱。你家狗狗最奇怪的打盹之处是在哪里？

　　A. 蜷缩在冰箱门边，万一有好吃的掉下来呢

　　B. 躲在沙发垫子下面，最好是最底下的位置

　　C. 把头垫在你的腿上、肩膀上、脚上，只要有能让他流口水的地方

　　D. 在一堆脏衣服里展开四肢，脸朝下睡着

Q2. 你家狗狗喜欢在什么时候睡觉呢？

　　A. 阳光充足的午后，好好享受午憩时光

　　B. 在睡觉这件事上，她可是个机会主义者，哪怕只有 5 分钟的时间，她也要用来打盹

　　C. 你晚上看电视的时候，就是她睡觉的好时间

　　D. 只要可以，睡一整天都行

Q3. 你永远都不知道狗狗的梦里有什么，不过你最了解他，不妨大胆猜一猜。当你的狗狗在做梦时，他喜欢……

　　A. 大嚼特嚼肉质鲜美的牛排

　　B. 自由自在地奔跑

　　C. 和他的主人拥抱

　　D. 梦里还是要睡觉

Q4. 你家狗狗最喜欢的睡觉姿势是什么？

　　A. 仰躺在地上，四肢收起在身前

　　B. 像一个柔术运动员，四肢就像打了结一样

　　C. 蜷缩成一个球

　　D. 四肢伸展、肚皮朝下地趴着

Q5. 有些狗狗喜欢睡在星空下，以天为盖，以地为庐；而有些狗狗则喜欢睡在棉被下面。你家狗狗喜欢睡在哪里？

　　A. 散发着烤鸡香味的温暖烤箱旁

　　B. 户外草坪上

　　C. 你的床上或柔软的床垫里

　　D. 温暖的壁炉前

Q6. 你的狗狗是喜欢早起，还是入睡困难、常常熬夜？

　　A. 只要肚子饿了，她立刻就起来了

　　B. 调皮捣蛋的她很难平静下来，所以熬夜几乎是常态

　　C. 她喜欢躺着，晚上早早就睡了

　　D. 这个可爱的小宝贝完全跟着你的作息时间走

Q7. 从狗狗睡觉的姿势就能了解它的性格。你的狗狗是轻松随意的类型，还是高度紧张的小猎犬？

A. 我的狗狗就是一只简简单单的小狗，只要吃饱喝足，就能像小宝宝一样睡着

B. 快乐且富有生机，简直就是一个超级爱叫的小家伙，这个充满能量的狗狗没办法安静下来

C. 只要给他足够的爱，他就能够保持淡定，并且好好上床睡觉

D. 没有什么能够打乱这个懒散小家伙的节奏；他就是淡定之王，到哪儿都能睡着

Q8. 你家狗狗睡觉的时候，做过什么有趣的事情？

A. 睡着的时候就是个放屁机器

B. 在梦里疯狂地扭来扭去，有点发抖，还会晃来晃去

C. 流口水大王，通常旁边都是湿漉漉的一大片

D. 打呼噜，还是鼾声如雷的那种

Q9. 你的狗狗更喜欢自己打盹,还是喜欢和其他狗狗懒洋洋地卧在一起?

A. 他追求舒适和温暖,当然是越多狗狗睡在一起越好

B. 都挤在一起睡对他没有什么好处,他还是喜欢独处

C. 在你的怀里睡觉他会很开心,但要和其他狗狗一起睡,他可不愿意

D. 在任何情况下,他都能安然入睡,无论身边是狗狗、猫咪、小朋友还是玩具

测试结果

大多数选项为 **A**

3
5

田野小孩

外向型＆适应型

这类狗狗知道自己需要什么，也知道如何达到目的。睡觉，吃饱肚子，这些都是她的目标列表上不可或缺的项目。她能够自力更生。在这些地方你不会听到她的抱怨：首先是冰箱边，然后是饭桌旁。如果没办法自己获得食物，那她就会用卖萌的眼神一直看着你。一旦她的胃口得到满足，她就会开开心心地找个地方睡觉，梦里也充满烤肉的香味和奶酪的芬芳。对这类狗狗来说，舒适是关键，这能让她觉得安全和被需要，这样她就能在填饱肚子后脱颖而出。对她而言，最重要的就是和你，还有和她的伙伴们之间的关系。这类狗狗喜欢用带着口水的亲吻向你表达爱意；毕竟，你是她最爱的枕头，也是她睡觉时最好用的床垫。

宠物心理指导手册——81问带你解锁爱犬密码

工作狂

稳定型＆外向型

睡觉？那是什么？这类狗狗可没有多余的时间用来睡觉，也不在乎要不要打盹。他可是身负重任。有那么多人要看，还有那么多事要做，生活对他来说就是一场永不结束的冒险，他还想去追逐更多的狗狗，和它们赛跑。这类狗狗永远精力充沛，它们会让你加入冒险，并且永远不会慢下来。它们的品种，低幼的年龄，还有好奇的天性导致了这些行为。它们不想错过任何事情，即使偶尔安静下来，也是迫于无奈，只不过是因为必须要充充电才能让它们重新拥有活力。他会打个短暂的盹儿，然后继续外出冒险，但是只要他一有精神，就会回到你的身边，找麻烦他最在行。你需要一直和他互动、玩耍，让他有可以追逐的东西，在运动中消耗精力。这类狗狗最有可能是精力旺盛的猎犬或精神敏感的梗犬，无论是什么品种，只有当他筋疲力尽的时候才会停下来。

大多数选项为 **C**

同床共枕的伙伴
稳定型 & 内向型

你在哪里，她的心就在哪里。你就是她安全感的来源，也是她想睡个好觉时唯一的需要。她也许不是最敏捷、最强壮的狗狗，但她在行动上缺少的这部分，会用足够的拥抱来补给你。她这么喜欢床，不是因为别的，单纯是因为她懒而已，这也是她所追求的安全感。在内心深处，她还是个小狗狗，不断追寻自己需要的东西，但是当她蜷缩在你身边时，她就会心满意足。只要能有柔软的抱枕和一点点食物奖励，她就能在沙发上放松舒展，任你揉搓。这类狗狗的品种最有可能是陪伴型犬类，如金毛寻回犬。这类沙发平躺爱好者很好取悦，你也可以通过和她玩游戏或其他活动，让她变得更加活跃。想让她成为狗狗中的领导者吗？这很容易，只要宠着她那些有爱的天性，多陪陪她就好！

小懒蛋
稳定型 & 适应型

　　没有什么事情能让他觉得烦恼。这类狗狗简直就是一个禅师，从他的耳朵尖，到每个贴着地面的爪子，都散发着一种安逸的气息。"快"这个字从来就不在他的字典里，"冲"或"压力"也与他无关。当困意袭来，他马上就会睡过去，这也是他唯一加快速度做的事情了。这类狗狗一般都是中大型犬，与人亲近的天性使它们成为人类理想的朋友，尤其是当你在阳光下放松时最为明显。虽然他喜欢打盹，但是并不会让睡眠时间占据一切。淡定的性格让他更喜欢在白天打盹，如果他是一个体形较大的家伙，那么他可能比大多数狗狗需要更长的睡眠时间。所以别把这个当回事，只要当他需要一个拥抱的时候出现就行。不管在哪里，在做什么，他都能就地睡着，这就是他的天性。

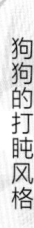

狗狗的天地，自己闯

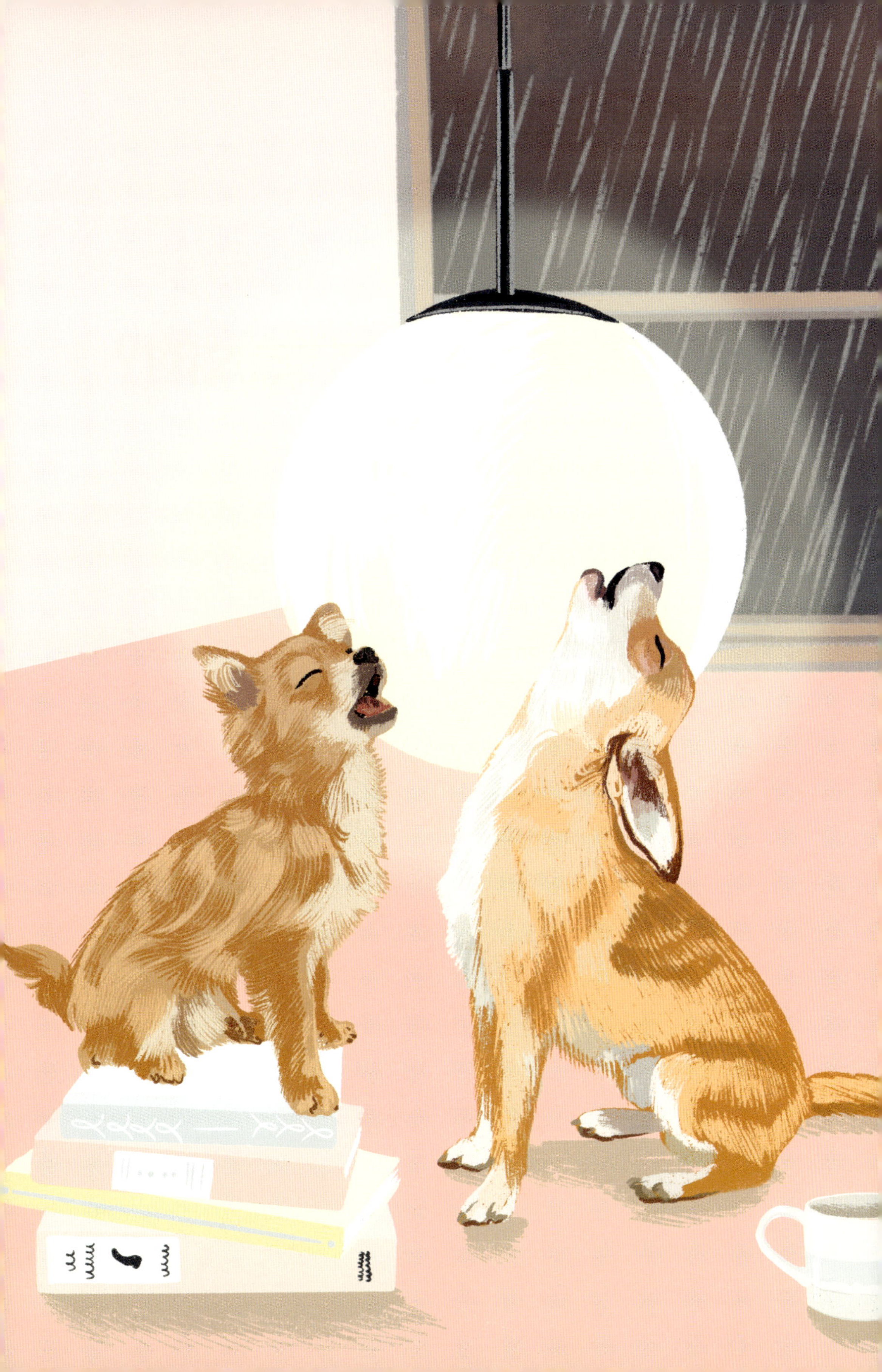

你的狗狗是如何交流的？

人们并不需要成为杜立德医生[1]才能和狗狗对话。交流可以是任何形式的，狗狗们是非语言交流的专家。它们每天都通过自己独特的方式和我们对话，从动动耳朵到扭扭屁股，都是让我们看到并且可以解读的行为。你和狗狗待在一起的时间越久，你就越能明白它们在不同场合中的语言，明白它们什么时候焦虑、什么时候兴奋、什么时候觉得不舒服。

就算是声音上的细微差别，也能揭示狗狗的情绪。每一声吠叫都不尽相同，都是一个独一无二的声音。一些外向型的犬种很喜欢用吠叫来交流。哈士奇就是典型代表：因为生来就适应种群集体生活，它们需要用声音来与对方交流。要是他跟你也这么"喋喋不休"，千万不必觉得惊讶。约克夏犬虽然身形娇小，但是声音却中气十足。这些嗓门嘹亮的小家伙证明了身形娇小不代表声音就小。

无论是什么品种、什么天性或如何长大，你的狗狗如何与你交谈可以揭示它们的很多信息，以及它们喜欢如何向世界展示自己。

---

[1] 电影《怪医杜立德》中的人物，能够听懂动物的语言。——编者注

Q1. 你的狗狗怎么说"早安"？

A. 发出轻柔的叫声，你能感受到他呼在你脸上的气息

B. 他在闹钟响之前就跳到床上，钻进你的羽绒被下面

C. 他会直接冲进房间舔你的脸

D. 他差点把你扑倒，接着就发出兴奋的叫声

Q2. 你的狗狗如何与其他狗狗打招呼？

A. 很快就低头嗅嗅对方的屁股

B. 躲开对方，并花时间打量它们

C. 她采取的首要方法就是闻闻对方的鼻子和脸

D. 发出一连串的吠叫，跳来跳去喊着"我在这里"

Q3. 狗狗可能会因为很多原因而吵闹。有的狗狗喜欢对着月亮嚎叫或对着电视狂吠，而有的狗狗更喜欢安静的生活。什么原因会让你的狗狗叫出声来？

A. 其他狗狗。他喜欢成为犬类合唱团的一员

B. 警报器、烟花、响亮的广告声……他讨厌这一切

C. 他不太喜欢吼叫。用歪头等姿势就能表明态度

D. 满月。这种小事就能拨动这个小家伙的心弦

Q4. 你的狗狗喜欢坚持常规，他如何告诉你他的用餐时间到了？

　　A. 一阵急切的吠叫外加流淌的口水

　　B. 在全神贯注地盯着饭盆之前，发出快速的几声吠叫，引起你的注意

　　C. 一只精致的小爪子放在你的膝盖上说"拜托啦"

　　D. 站在零食柜边大声叫喊，直到你收到消息

Q5. 当你快乐的时候，你的狗狗很可能也想感受一下这份快乐。他会做什么来分享自己的喜悦之情呢？

　　A. 滚来滚去，大喊大叫，装傻

　　B. 高兴地在你身上蹭来蹭去

　　C. 对着你流口水

　　D. 像个女明星一样在你面前跳舞

Q6. 如果你的狗狗感觉不舒服，她会……

　　A. 蜷缩起来呜咽

　　B. 退到一个安静且远离一切的隐蔽处

　　C. 轻轻用头蹭你舔你，让你知道她的感受

　　D. 不停地汪汪叫，直到你注意到她

Q7. 当你和狗狗说话时，他会做什么？

  A. 跳到你的腿上依偎着你

  B. 把头偏向一边，专心地听着

  C. 用湿漉漉的鼻子贴着你，以示理解

  D. 连连叫喊表示回复

Q8. 狗狗的叫声和她自己一样独特，就像她本人的名片一样。你的狗狗会发出什么样的声音呢？

  A. 她是犬科动物中的玛丽亚·凯莉[①]，一只真正的高音莺

  B. 活泼开朗，一鸣惊人

  C. 吱吱作响，发出小牢骚，就像她一样

  D. 声音有些粗犷，她是狗狗王国里吵闹的摇滚小妞

---

① 美国著名女歌手。——编者注

Q9. 你的狗狗会和流浪狗一起玩吗？遇见陌生人的时候能管住自己不发出叫声吗？

A. 这只狡猾的小家伙会用声音和高跳杂技让他的观众大吃一惊

B. 这只小狗知道通过让别人揉头和用鼻子嗅对方来赢得朋友和陌生人的心

C. 如果你不是他的好朋友，这个安静的小家伙喜欢保持沉默

D. 肯定不会是温柔的，这个爱说话的家伙一点都不温柔，无论是谁，只要愿意听，他都会大声嚷嚷

测试结果

大多数选项为

A

快乐小丑
外向型 & 适应型

　　这个狗类小丑喜欢胡闹，并且可以随意发出一连串古怪的声音。她很容易被人理解，因为她将噪声与姿态和面部表情结合在一起。她的举止通常是平静而友好的，所以当她有事情发生时，你会知道的。她的脸庞带有灵活的表情和优雅之气，你可以肯定，当她嘴角上扬时，就是在对你微笑。这只令人愉快的小狗不会轻易狂叫不止，虽然你可能也会偶尔听到她的吠叫，不过都是在她觉得真正有必要传达信息的时候。小丑很有趣。当生活让你失望时，她会取悦你，让你微笑，这种时刻你就能够轻松破译她的犬科动物密码。在沟通方面，你们是绝对的优质团队，她"拥有"你，你也"拥有"她——你们是完美拍档！

大师

稳定型＆适应型

　　这个迷人的小家伙对你来说可能看起来像个老搭档。他不轻易发声，但只要他想表达，都会"一语中的"。他的肢体语言首屈一指，也是他审时度势并让你了解他的感受的工具。当他把注意力转向你时，你就会知道。这个类型的狗狗就像敏锐的侦探，有一种吸引你的力量，一个表情就会让你感觉到他的内心。他温柔、睿智，对你亦步亦趋，在你做事之前他就知道你在想什么，虽然你有时间来跟上他的思路，但他却早已领先于你。你和他相处的时间越长，就会越合拍。慢慢来，追随他的领导。他会以一种微妙的方式让你知道他需要什么。他不必开口就能做到"滔滔不绝"。他谨慎小心的态度意味着只要他结交了朋友，就会与之交好一生——包括你在内。

大多数选项为 **C**

壁花小姐
内向型＆适应型

　　这个女孩不会透露太多信息，除非你知道如何发掘。她是一只紧张的小狗，有着一颗金子般的心，但她需要一点鼓励才肯袒露心迹。她很少发声，你可能想知道她是否会吠叫，但这位姑娘更喜欢保持沉默。她不会为了晚餐哼哼唧唧，只会给你很多的爱和依偎，直到你了解她想要的东西。她天生害羞，更喜欢用行动来表达自己的感受。她会舔口水，以此来表明对食物和爱情的渴望，甚至伸出爪子来引起你的注意，帮她打开冰箱门。有时你很难读懂她，必须要观察并了解她在不同情况下的反应。你要了解她的动作特点并从她的姿势中寻找线索，她也会找到一种方式来表达对你的谢意。

小话匣子
稳定型 & 外向型

　　这家伙认为，有人聊天时，不参与进去是不礼貌的。他最喜欢用尽可能多的方式表达自己。他的声音非常响亮，就像一台永不停歇的音乐唱机，他在忙碌的气氛中茁壮成长。他自信又兴奋，热爱生活，喜欢分享快乐。如果他是你的孩子，你会万分清晰地感知到他在一天中每时每刻的感受。你很容易理解他的意思，而且他有吸引你注意力的诀窍。虽然他的喋喋不休有时可能会让人恼火，但你可以通过游戏让他活跃的大脑平静下来。这个类型的狗狗很可能是哈士奇、梗犬，甚至是小型吉娃娃，他喜欢成为家庭中的重要成员。把他当作焦点会让他对你百依百顺，坚定而舒缓的话语有助于降低他的音量。

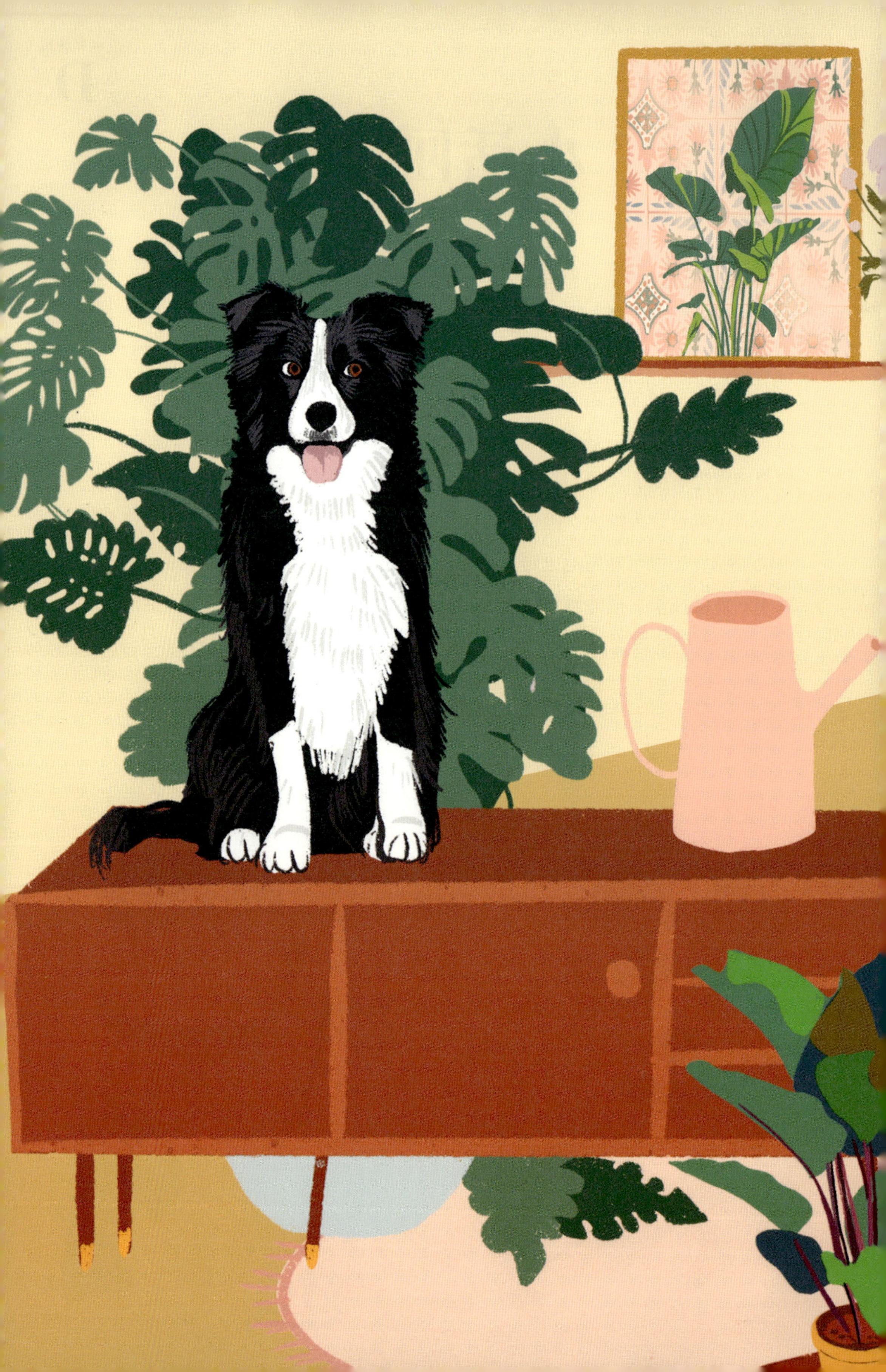

狗狗的生活

你的狗狗怎么看待自己的日常生活？

就像人类一样，每只狗狗都是独一无二的，具有区别于其他狗狗的怪癖和性格特征。虽然性格会受到品种的影响，但要造就你的狗狗，还需要更多东西。日常习惯在塑造狗狗的行为和反应方式方面发挥着重要作用，使其形成那些似乎是突然出现的可爱怪癖。

狗狗的日常活动和行为方式可以帮助你更多地了解它们的本性。有些小狗喜欢循规蹈矩，而另一些则渴望自由，做它们喜欢的事情。无论是网球还是曲棍球，都能让狗狗愉快地摇尾巴，生活不会一成不变，而狗狗对待日常生活中大大小小变化的态度和方法可以帮助你解开犬类难题。一旦你了解了狗狗的性格，你就可以帮助它们过上最好的生活。你可以和狗狗一起坚持练习，降低它们的分离焦虑，帮助性格内向的幼犬做好应对压力的准备；对于那些超级兴奋的幼犬，你可以学习如何安抚它们的精神，让它们安静下来！

Q1. 如果可以的话，你的小狗一天中大部分时间都在做什么？

　　A. 与他最喜欢的人一起玩耍、散步和消磨时光

　　B. 在阳光下打瞌睡

　　C. 依偎在一个小而舒适的地方

　　D. 追逐任何移动的东西

Q2. 你的狗狗吃过的最奇怪的东西是什么？

　　A. 一棵草，它就在那里乞求被蚕食

　　B. 蛋糕，她喜欢与你共度晨间咖啡时光

　　C. 她自己的便便，有时只是为了表明态度

　　D. 你的臭袜子是她的美食天堂

Q3. 当一个不速之客出现在你家门口时，你的狗狗会做何反应？

　　A. 他会很友善，他喜欢结识新朋友

　　B. 他不介意，只要他能做自己的事

　　C. 他在 0～2 秒内从嚣张狂吠变成瑟瑟发抖

　　D. 如果对方很有趣并想和狗狗玩，他会大出风头，让来者喜笑颜开

Q4. 出了些意外状况，你必须离开家返回工作单位去处理（平时这个时间你都在家），你的狗狗有什么反应？

A. 对于你要离开她很难过，但很快就会调整情绪，自己玩起来

B. 她喜欢拥有一些狗狗的独处时间

C. 她认为现在是用歌声打动邻居的好时机

D. 她表现良好，从容接受你离开

Q5. 你会如何描述你的狗狗的日常举止？

A. 这个活泼好动的小家伙浑身都洋溢着快乐和爱

B. 冷静先生，从头冷静到尾巴尖

C. 从过度兴奋到焦虑——用一个词概括，那就是"混乱"

D. 这只小狗高高在上，姿态十足

Q6. 这是每只狗狗都害怕的日子——年度兽医检查日——但你的狗狗表现如何？

A. 虽然并不喜欢兽医，但只要你在她身边，她就没事

B. 她泰然自若，享受环境的变化

C. 她已经彻底崩溃了

D. 她很烦躁，不喜欢被另一个人摆布

Q7. 在日常生活中，什么最让你的狗狗害怕？

A. 尖锐的警笛声会让他的耳朵竖立

B. 没什么，他悠闲可爱，总对自己信心满满

C. 看不到你时，他就变得暴躁易怒

D. 他不喜欢人群

Q8. 虽然你与狗狗在一起的每分每秒都很开心，但你最喜欢与狗狗共度的时间是什么？

A. 我们都很喜欢散步。能和狗狗度过美好的户外时光，有什么理由不爱呢

B. 我们最喜欢相拥在沙发上的午后快乐时光

C. 晚上，她像婴儿一样蜷缩起来睡觉，有时拿你当枕头

D. 玩耍是第一要务。你可以看到她放松的样子，并乐于加入其中

Q9. 到了假期，你计划外出度假。你会怎么安顿狗狗？

A. 你会带他一起去。他喜欢探索，他会玩得很开心

B. 你会送他去狗狗寄养中心。他很乐意离开家独自去度假

C. 假期？什么假期？你绝不会把这个爱紧张的小家伙留给任何人

D. 你会把他留在家里，交给犬只管理员看护，这样他就可以在自己的地盘自由玩耍

测试结果

乐天派
稳定型 & 适应型

这只开朗的查理王猎犬总是步履轻快。她喜欢一天中的每一分钟，虽然她喜欢规律有序的生活，但如果这意味着一种新的体验，她也并不反对体验一次奇特的曲线球。生活就要随遇而安，这个小家伙喜欢完全沉浸其中。不管是玫瑰花还是垃圾桶，她遇到什么都会闻一闻。对她而言，鼻子嗅到哪里，哪里就充满了冒险，但也会给她带来麻烦。这类狗狗并不顽皮，而且很讨人喜欢。她的举止也使她成为人类宝宝的理想玩伴。她很可能是一个随和的品种，如比格犬、寻回犬或巴塞特猎犬，但不要被她骗了——这个家伙弹跳力绝佳，所以定期训练和玩耍都必不可少。她超爱外出遛弯，每天都在期待这一时刻的到来。所以，快点穿上你的外套，准备带她去玩吧！

城里公子
稳定型 & 外向型

　　这个悠闲的小伙子喜欢独处。这并不意味着他不喜欢玩乐或奔跑，只不过在自己玩耍的时候他会更开心。这个小家伙的皮毛非常符合他的性格，他自己也知道这一点。外界的刺激或安慰对其他混血犬种来说可能很重要，但这个类型的狗狗却能按照自己的节奏应付一切。从发现新情况，到珍惜自己的时间，再到知道好好睡一觉，这个类型的狗狗喜欢做些具有禅意的事情。如果你正在寻找一个冥想伙伴或能坐在一起吹吹微风的狗狗，那他就是你的最佳选择。这个类型的狗狗很可能是一只圆润的法国斗牛犬，甚至是一只漂亮的卷毛比熊犬，但无论他是什么品种，都绝对不可能是一只工作犬。他会很高兴地在你身边坐着、站着或悠闲漫步，但不要指望他会奔跑起来或跟你玩捉迷藏，更没有变得疯狂的可能。他宁愿自己郁郁寡欢，也不愿让任何事情影响他的情绪。

大多数选项为 **C**

恐慌者
内向型 & 适应型

麻雀虽小，五脏俱全。这个类型的狗狗拥有丰富的想象力，生而焦虑，这一切都赋予了这个紧张的小家伙其标志性的特点：疯狂！主人必须用哄的方式，才能让她走出紧张的情绪，然后她便会黏在主人身边，和人类成为一辈子的好朋友。她完全沉浸在你一言一语的宠溺之中，作为回报，无论你做任何事情，她都是你的好搭档，因为它们对主人不离不弃。也就是说，通过一些巧妙的训练技巧，为你们之间的关系创造一些空间，不失为一个好的选择。一旦习惯了你偶尔的缺席，她就会树立信心，并能够应对日常生活中的其他变化。一些固定活动或习惯性的相处模式对于这类狗狗是有益处的，跟它们一起玩耍也很重要，这样可以帮助它们摆脱一些压力。这个容易受到惊吓的小狗眼里只有你——幸运的你，而非哪个陌生人或玩伴。她可能太过狂热地黏着你，但这不就是来自一个毛孩子的爱吗，谁还能不满足呢？

生闷气的小家伙
适应型 & 独立型

你永远都不会知道,这个情绪多变的小家伙和你是什么关系。前一分钟他像风一样奔跑,下一分钟他又安静得像一团细茸茸的毛球。这类狗狗不是真的非要让主人时刻关注自己,而是就算他看起来很坚强,内心却也柔弱敏感。他的外表很可能令人印象深刻,表情也很丰富生动。他很爱叫,因为他要努力表达自己的想法和感受,作为主人请认真倾听。一旦涉及你或他很珍视的东西,这类狗狗就会变得非常有保护欲。他不喜欢陌生人,也不喜欢麻烦事,他甚至可以依靠本能感知到什么时候该看兽医了。符合这些特征的品种包括哈士奇犬、杰克罗素犬和秋田犬,别看它们有时凶猛,那都只是为了给人看。在内心深处,这只小狗最喜欢的只是能做自己的事情并享受家庭时光,任何阻挠他实现愿望的绊脚石,肯定会毁了他的一天。

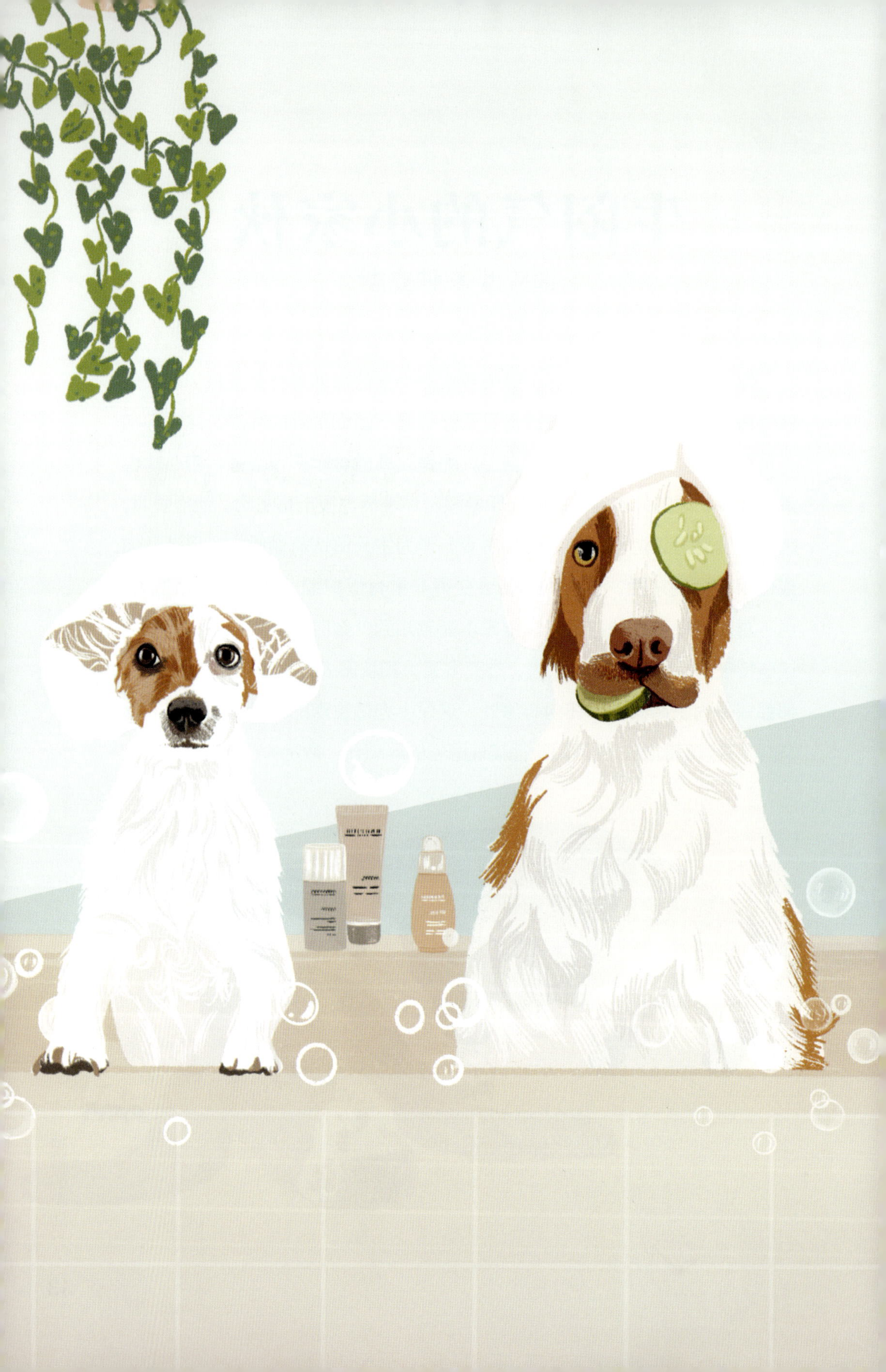

狗狗的自我定位

你家狗狗的标志性风格是什么？

　　几千年来，人类一直在饲养狗，这在人类历史上已经司空见惯。狗狗不仅是人类最好的朋友，而且聪明的犬科动物还拥有我们无法比拟的技能和天赋，于是我们的祖先抓住这一机会，充分利用狗狗在体形和速度上的优势，培育出不同品种的狗狗。对于某些品种，如罗威纳犬，它们在身材和领导力方面就具有绝对的优势。有些狗狗专门为守卫工作而生，它们的性格特点决定了其能够提供保护服务，并且善于服从命令，如獒犬或能干的德国牧羊犬。其他狗狗，如体形流畅、行动敏捷的灰猎狗，它们是出色的狩猎伙伴，正是好奇的天性让它们完美适应了这个岗位的需求。随着时间的推移，育种过程得到改进，最终产生了大约 200 种变种狗狗，难怪我们的狗狗体态各异又大小不同！

　　无论你想要英俊矫健的猎狗、摇首弄姿的小狗，还是血气方刚的混血狗，都一定可以如愿以偿，但一定要留心狗狗之间的差别。从体形到美容需求，一些幼犬喜欢人类的关注和照顾，而另一些则更喜欢大自然给予它们的东西。无论你的狗狗是什么风格，当你深入了解它们时，你就会发现，它们的外在表现可以揭示出更多关于它们内心的东西。

Q1. 如果用一句话来描述你的狗狗，你会如何形容她？

　　A. 体形大、胆子大、很好看

　　B. 一个腼腆的小可爱

　　C. 一个淘气包，狂野而自由的家伙

　　D. 优雅而自信，像首席芭蕾舞演员

Q2. 从热闹的狗狗派对到野外撒欢，你的狗狗更喜欢哪种庆祝生日的方式？

　　A. 和他的同伴在田野上自由奔跑

　　B. 换装游戏，然后拍照

　　C. 在泥泞中尽情玩耍

　　D. 呵护、拥抱和专门为他制作的蛋糕

Q3. 你的狗狗如何梳洗打扮？

　　A. 当你可以给她快速擦洗时才肯洗澡

　　B. 她是高级宠物沐浴用品的忠实拥趸

　　C. 在土里滚来滚去和在池塘里泡着，就能展现她的野性魅力

　　D. 每周定期使用洗发水和刷子，她很喜欢这样

Q4. 人们说大多数主人和他们的狗狗都很像，但是你要做些什么来与你的狗狗相配呢？

　　A. 随便抓一件旧外套来穿，这样你们就可以出去玩了！

　　B. 我们一直在买高级定制亲子时装

　　C. 当我头发凌乱地从床上滚下来时，就很配他了

　　D. 他太优雅了，人类不能与之相配

Q5. 一只时髦的北京哈巴狗可能会对垃圾嗤之以鼻，而一只贪玩的斗牛㹴可能会沉醉其中。你的狗狗是干净的还是邋遢的？

　　A. 她无论到哪里冒险，都会在自己身上留下印记

　　B. 她是个娇生惯养的漂亮公主

　　C. 混乱、泥土、脏东西，还有邋遢，都是她的代名词

　　D. 显而易见，用干净优雅形容她最为恰当

Q6. 气派和招摇是一些狗狗的第二天性，你的狗狗喜欢如何炫耀自己？

　　A. 他一跃而起，像一只有态度的狗狗

　　B. 只要足够舒适，不管是把他放在手提包里还是放在你的大腿上，他都愿意

　　C. 发出低吼，来回滚动

　　D. 他在空中滑翔，真的就是这样

Q7. 你正在和你的狗狗拥抱。对于你来说，这是甜美的梦境，还是难挨的噩梦？

    A. 不管怎样她都是狗，但你不介意

    B. 精心打扮后，她浑身香喷喷的

    C. 狂野而美妙，她散发着泥土的气息

    D. 她干净又美丽，像雏菊一样清新

Q8. 如果你的狗狗有标签，那将是……

    A. 逍遥浪人

    B. 狗中名媛

    C. 梦中情狼

    D. 窈窕美人

Q9. 你的小狗在倾盆大雨中会有什么反应?

A. 小雨无伤大雅,但她不喜欢淋雨

B. 她崩溃了。谁愿意又臭又湿

C. 她爱,爱,爱

D. 她坦然接受

测试结果

小狗演员

稳定型 & 外向型

这只聪明的狗狗知道如何毫不费力就能成为焦点。他的叫声和行动一样充满活力，甚至不用努力，仅凭亮晶晶的眼睛和摇来摇去的尾巴，他就能吸引众人的眼球。这类狗狗的热情充满感染力，所有人都会被他迷住。这并不是说他想掌控一切；做只简单的小狗再好不过了，如果你想跟他一起兜兜风，他也毫不介意。相比于他带给人们的感觉，他的外表就显得不那么重要了。一般来说，这样性格的狗狗更可能是运动犬或猎犬，抑或是体形小但有理想、有野心的狗狗。演员类型的狗狗不会对陈词滥调做出回应。相反，它们勇敢且有冲劲，只喜欢参与有趣的事情。作为主人，你可别想让他毛发整齐、干干净净；准备好跟他一起疯玩、一起奔跑吧。这类狗狗喜欢主人的陪伴，很快你就会明白，和他一起锻炼或一起玩耍是让他最开心的事情了。

大多数选项为

B

平面模特
外向型＆适应型

　　这类狗狗是不折不扣的公主。她认为周围的一切都要围着她转，没错！无论她是优雅地坐在天鹅绒压花躺椅上，还是整洁地依偎在你的名牌包里，总之她喜欢一切时髦的东西。生命太短暂了，美丽才是真谛。你若是能花时间帮她梳妆打扮，她会非常开心。其他的狗狗都有自己的长处和天赋，但在这位小公主眼里，摆出让人欣赏的姿势就足够了。这类狗狗的品种更可能是纯正的宠物犬，体形娇小，还会时不时发出一些嘟嘟囔囔的声音。别总让她待在手提包里，陪她出来玩玩游戏能够引起她的兴趣。比如把她喜欢的玩具藏起来，让她自己去找。这类狗狗坚守着对自己地位的认知标准，它们的态度甚至比那些身形巨大的狗狗还要强烈，所以怎么甘心屈居第二呢？对你来说也是一样。在她眼里，如果要选择一个人来陪伴她，那你一定是首选。

大多数选项为 **C**

野孩子
主导型 & 稳定型

这只小狗奔跑起来狂野不羁且赏心悦目。这是一个自由的灵魂,热爱户外活动,野孩子型狗狗深谙宽阔马路带来的诱惑,并能利用他的智慧以及狗狗特有的魅力在这片广阔的天地之间生存。美丽对他来说没有特殊的意义,你很快就会意识到,对他来说,邋遢也是吸引人的方式。不管怎么说,只要你出现,香肠都没什么吸引力了!如果你准备好迎接这样的挑战,那他也会伴你左右,但你可别以为只要带着他在公园里散步就够了。这个小家伙跟你一起奔跑时,就像狼一样狂野。要训练他,让他学会放慢速度,并通过收起玩具和任何可能引起他注意的东西来培养他的专注力。归根结底,你也许可以驯服他,但别指望让他的毛发也柔顺服帖。这可是个毛发打结、不修边幅的小家伙。

出色选手
稳定型 & 独立型

  这个类型的狗狗极有姿态，注重打扮，拥有首席芭蕾舞女演员的优雅。就像超级名模一样，她会在进入房间后的几秒钟内就成为众人眼中的焦点。这个人间尤物不会发出狂野的低吼，她的肢体语言和坚定不移的视线揭示了她品格中的坚毅。乍一看，你可能会觉得她有点害羞，但别被第一印象蒙蔽了。她可能并不会和最能出风头的伙伴一起咋咋呼呼，但她仍然是一股不可忽视的力量。这是一种安静的力量，坚韧而优雅，这是一种她可以自己掌控的力量。这个类型的狗狗在训练中表现良好。她喜欢常规和定期的训练课程，这有助于她保持身材，让本就敏锐的大脑更加活跃。这类狗狗大多外形苗条、肌肉发达，如意大利灰狗甚至是萨路基猎犬。作为主人，你要时刻保证她干干净净、身材紧致，这样她就会常伴你身边啦。

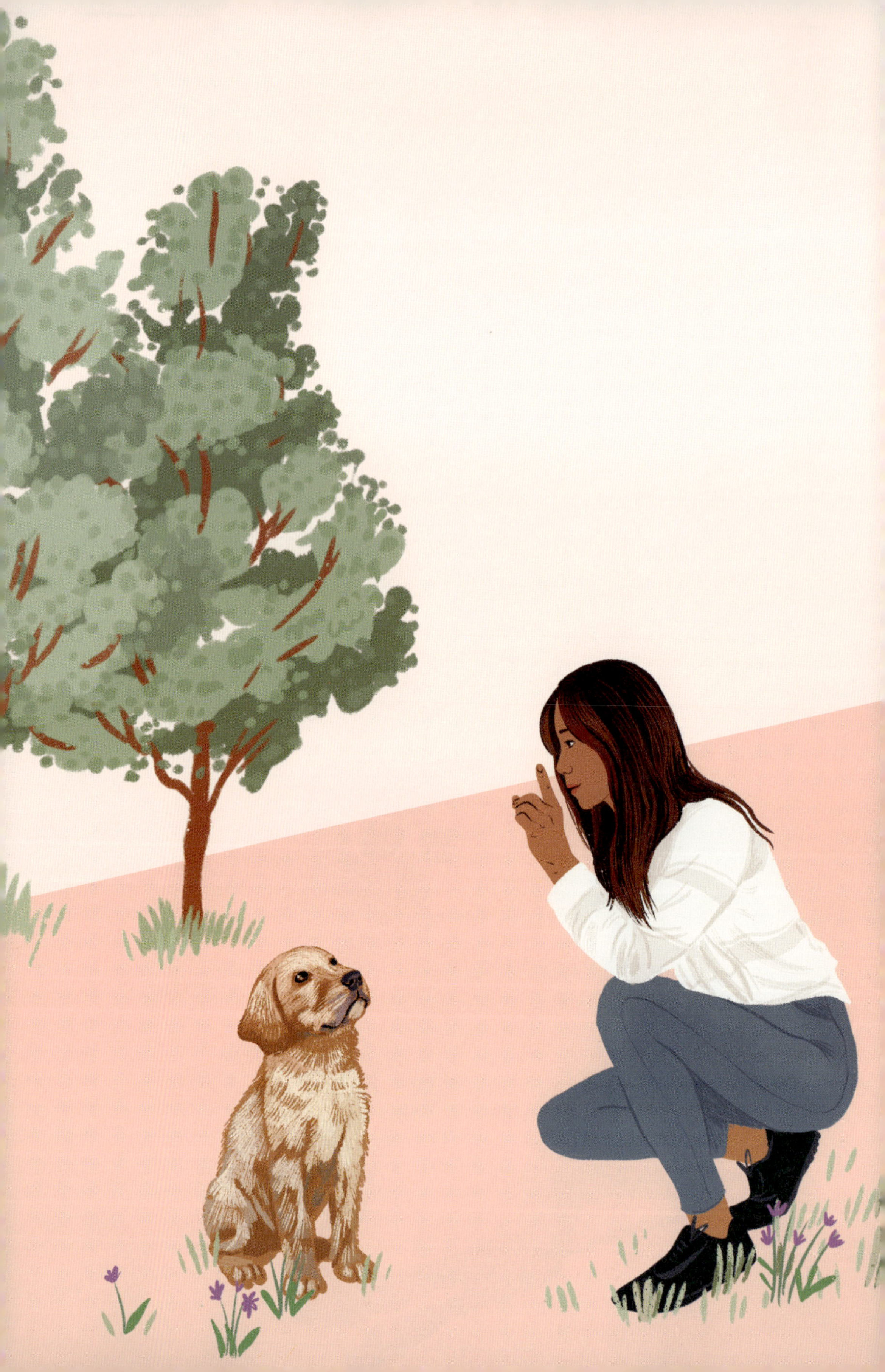

狗狗有智慧，
狗狗要训练

你的狗狗如何回应指令？

训练是与你的狗狗建立联系的最佳方式之一。在这段一对一的独处时间里，你们可以真正了解彼此，并学习彼此的沟通方式。你会发现究竟这段关系里谁说了算，抑或谁认为自己说了算！对狗狗而言，训练是一种挑战，让它们不同程度地参与其中。它们将学习如何在不同的情况下做出反应，也会学着适应你的语音语调。

狗的智力因品种而异，有些狗比其他狗更擅长接受训练。有目标的工作犬会大有作为，边境牧羊犬尤其喜欢挑战，而猎犬倾向于根据自己的嗅觉来行动，而不是响应主人的命令。好奇的天性意味着它们很聪明，但它们更有兴趣用鼻子嗅闻，这才是它们的乐趣。这类狗狗需要知道所有额外的努力都是值得的，所以主人们有必要准备一个装满零食的奖励口袋。此外，狗狗也有一些"不要"和"不愿"的禁忌：有些狗狗能够听懂指令，但并不喜欢受人指挥；有些狗狗则需要一点额外的鼓励才会安心做事。

训练可以让西班牙猎犬的脚步更为轻快，并让你们之间的关系处于一个平衡的状态。观察狗狗对指令的反应，可以帮助你学会如何发挥它们的长处，从而取得最好的训练效果。

Q1. 是时候说实话了。你的狗狗是否喜欢训练课程？

A. 你们两个无比合拍，这是一种默契的练习

B. 你必须先抓住他。这家伙的态度是，要么按他的方式来，要么就免谈

C. 这只过度兴奋的小狗会给你带来许多乐趣，即使并不总是按计划进行训练也无妨

D. 一句话，完全不喜欢。这只小狗不是用来训练的

Q2. 你正在展示自己作为狗语者的技能。当你说"坐下"时，你的狗会……

A. 做出一个完美的下蹲动作

B. 跳上你的腿，差点把你撞倒

C. 失败三次后，你按着她的屁股让她坐下

D. 盯着你看，好像你让她去攀登珠穆朗玛峰

Q3. 你的小狗是炫技高手，还是喜欢做的唯一动作就是趴在地上？

A. 他喜欢跟着你手指敲击的节奏跳舞和腾跃

B. 他是滑步高手

C. 如果你挠他的屁股，他就会打滚

D. 他做得最好的动作就是做出"我不开心"的表情

Q4. 你正在悠闲地散步时,听到你的小狗开始对某人咆哮。接下来会发生什么?

A. 你叫她停下来,她自然而然地服从了

B. 她继续咆哮,你必须走过去按住她

C. 你抚摸她一下,她就会平静下来

D. 她停止咆哮,生气地离开

Q5. 你的狗狗想要玩一场捡拖鞋的游戏,但你并不想扔出拖鞋。听谁的?

A. 这需要双方的配合,但实际上你穿好拖鞋,然后把脚放下

B. 你不妨买一双新拖鞋,反正你再也见不到那双旧拖鞋了

C. 这场较量没有赢家或输家,拉扯几轮后,直到其中一方放弃

D. 他赢了——他把我的拖鞋咬烂了

Q6. 你决定健身,在花园里做一些循环训练。你的狗狗会做什么?

A. 当然是加入其中,与主人一起开心地运动!这有什么可拒绝的呢?

B. 她对用爪子刨花园更感兴趣

C. 她在场边跟着你跑,大叫着鼓励你

D. 就她而言,现在是小狗午睡时间

Q7. 当你呼唤狗狗的名字时，他会……

A. 无须召唤，一直在你身边

B. 朝相反的方向跑开

C. 发疯似的随着你的声音上蹿下跳

D. 露出"我听到了，然后呢"的表情

Q8. 遛狗时你想走某一条路，而你的狗狗却想走另一条路。听谁的？

A. 当然听你的。只要稍加温柔的劝导，不管你走到哪里，她都会跟上

B. 你的狗狗已经朝相反的方向冲向混乱的街道了！

C. 这是一场激烈的讨论，她不停地吠叫和摇尾巴，但最后还是你赢了

D. 在可预见的情况下，你的狗狗不会让步，除非你抱起她

Q9. 训练是鼓励、重复和奖励的平衡之策，但对一只狗有效的方法并不能保证对另一只狗同样有效。你的狗狗最喜欢哪种类型的训练？

A. 什么训练都喜欢。你的狗狗热爱学习，只要有指令，他随时准备着

B. 每天坚持前进一小步是唯一的出路，因为他不喜欢训练

C. 你需要给狗狗提供美食优待政策，他需要美味零食的刺激才能参加训练

D. 你的狗狗只有在你陪他一起训练时才会接受训练

测试结果

大多数选项为 **A**

奥运选手
主导型 & 稳定型

　　这个运动型的小姑娘十分聪明，脚步敏捷。她的鼻子总是湿漉漉的，时时刻刻都高兴地摇尾巴，这就是她的全部特征。她不会让你失望，因为她和你一样喜欢挑战。她的大脑需要刺激，四肢需要奔跑；这个道理很好懂，也正是这个简单的原因让她一直快乐活泼。没有什么能让她站定不动，在你吹响起跑哨之前，她就已经跑起来了。你需要找到一种和她一起玩耍的方式，比如在坡地上玩取物游戏，这可以让她努力获得奖励，并在这个过程中找出全新且有趣的散步路线。当她来寻求你的抚摸时，你便知道她玩够了。这个类型的狗狗品种很可能是一只工作犬或猎犬，她头脑敏捷，是你眼中的常胜将军。

大多数选项为 **B**

叛逆者
外向型 & 独立型

训练？那是什么？这个小伙子不喜欢训练并不是因为懒惰——远非如此！他很有冲劲，想去的地方很多，但这些地方恰恰都和你期待的目的地方向相反。不要指望他服从你，唯一有效的方法就是你按照他的意愿去做。你可能会认为他天生顽皮，但正是他热爱自由的性格让他陷入了困境。这只精明的狗狗智力超群，这让他十分受用，但如果你能通过技巧驯服他不稳定的方面，就会让你们俩都感觉更好。你可以试试先冷静而坚定地发出指令，然后兴高采烈地肯定他，再拿出他最喜欢的食物作为奖励。和所有混血犬类一样，叛逆者喜欢关注你，就像他喜欢吸引你一样，所以只要你充满善意地教育他，就会看到他温柔的一面。训练过程可能是前进一步，后退两步，但只要缓慢而稳定地坚持训练，你们就能得到最好的结果。

狗狗有智慧，狗狗要训练

笑话高手

稳定型 & 适应型

　　她可能不是犬类中的佼佼者，虽然缺乏运动能力，但她在其他技巧方面弥补了这项不足。她可爱又有趣，你可能会在训练结束时抓狂地扯头发，但也因为她的表现忍俊不禁。她尽了最大的努力，但在一次又一次的考验和失败中很快就失去了兴趣。话虽如此，这只狗仍值得期待，因为她一旦掌握了某些技巧，就永远不会遗忘它。这类小丑型狗狗喜欢逗你开心，这是她生活的主要动力，但如果有更有趣、更值得闻的东西吸引了她，那你就要当心了！隔壁的烤肉或街上的猫咪总能让她一瞬间就冲出去。

反叛者
主导型＆独立型

如果你想找一只极度排斥运动的小家伙，那就是这类狗狗了。这类小狗不爱玩球。他是一个只喜欢坐在场边低吼的小男生。这并不是说他很有攻击性，只不过是发发脾气对他来说就像修剪指甲一样有趣。凭借丰富的表现力，他会让你知道他不开心了，如果这不起作用，那就准备好迎接他大发雷霆吧——他会静坐示威，再满地打滚，摆出各种姿势，整个过程都情绪饱满。他甚至会离家出走。如果你想驯服他，让他不要这么叛逆，简直就是痴心妄想。从扯狗绳到扮可爱，什么方法他都会用。你最好带他玩一些与他思维能力相匹配的智力游戏。小狗拼图会让他着迷，一个简单的捉迷藏游戏也能让他兴奋不已！

狗狗有智慧，狗狗要训练

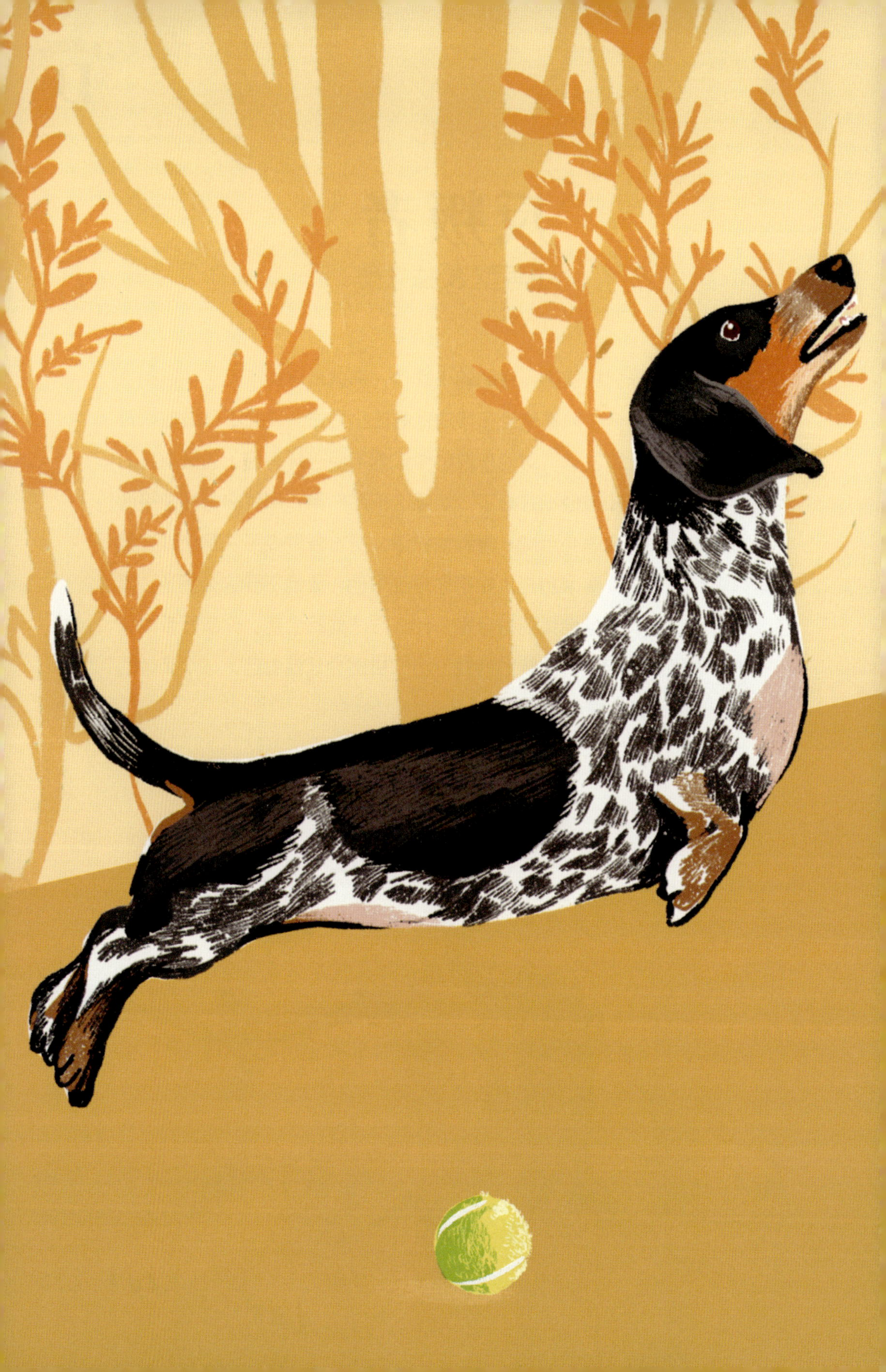

狗狗的吠叫和玩耍

你的狗狗喜欢哪种玩耍方式？

所有狗狗都需要锻炼和玩耍，但狗狗品种不同，所需活动的强度和类型也不同。维希拉猎犬是一个肌肉发达的健壮家伙，喜欢长途奔跑，但如果狗狗的四肢较短，就很难在崎岖不平的道路上活动。如果你想要一只速度奇快无比的狗狗，那么拥有修长优雅四肢的灰狗就值得关注。它们的奔跑速度能达到 72 千米 / 小时，但只要每天有机会奔跑冲刺，它们就会很高兴。

幼犬的玩耍方式也会影响它们的健康和幸福感，因为这是将锻炼融入日常活动的一种方式。无论你养的是积极主动的独立型小狗，还是喜欢躲在派对一角的懒姑娘，每只狗狗都有自己的做事方式。厚脸皮和不安分的狗狗可能会偷走你的东西，互相追逐起来；而内向胆小的小狗可能会退到一边，甚至躲在你的视线之外。让你的小狗与众不同的不仅是它们是否好动，但这确实揭示了它们性格的另一个方面——它们喜欢做什么以及它们在做这件事时的感受。如果你想深入了解狗狗的内在想法，那就看看它们玩耍时的表现，以及它们走路时左冲右撞的原因。

Q1. 在野外漫无目的地玩耍时，你的小狗会做什么？

A. 她认为自己在进行奔跑比赛，全速前进跑到另一边

B. 她喜欢探索、跳跃和跑步，但很快就失去了兴趣

C. 她在寻找可以捕猎的东西

D. 她会和你一起闲逛

Q2. 你的小狗会玩什么游戏？

A. 跑出去把东西捡回来的游戏，接飞盘或网球都行

B. 从烤肉架上拽下香肠

C. 追逐松鼠

D. 偷走并藏好拖鞋

Q3. 散步之后，你决定走一条新的、更远的路线回家，其中有许多山丘和崎岖的地形。你的狗狗做何反应？

A. 这正好能发挥她的天赋，她能够像导航一样应对自如

B. 她一开始很热情，但很快就厌倦了

C. 她被所有新声音和新气味吸引了注意力

D. 她没有留下深刻的印象，一直走走停停

Q4. 在创造乐趣方面，你的狗狗是否足智多谋？

  A. 任何游戏都平平无奇，从晾衣绳到电视遥控器都一样

  B. 随便给他一个没人要的玩具，他就能玩得很开心

  C. 昆虫们要小心了，只要你动一下，我的狗狗就会抓住你

  D. 他喜欢自己找乐子

Q5. 和一群狗狗一起跑步时，你的小狗表现怎么样？

  A. 她是领头狗，总是走在前面

  B. 她能跟上队伍，但更喜欢在队尾磨磨蹭蹭

  C. 她喜欢追逐其他小狗

  D. 她不跑步，喜欢和其他狗狗保持安全距离

Q6. 收到一个新的耐嚼骨头玩具时，你的狗狗会有什么反应？

  A. 除了快乐，还是快乐……他会玩一整天

  B. 他想吃，当然很想吃

  C. 他对不能动的玩具不感兴趣

  D. 他会吓得后退，以为是某种外星生物

Q7. 到了游戏时间，你的小狗会让陌生人参与进来吗？

　　A. 游戏时间是她自由奔跑的时间，她不需要任何人

　　B. 是的，更多的人意味着更多的美食

　　C. 只要他们愿意陪她玩追逐游戏就可以

　　D. 绝对不接受，她只和你一个人玩

Q8. 你的小狗正在午后的阳光下打盹，如果有蝴蝶落在他的鼻子上，可能的结果是什么？

　　A. 跳起来转圈，和蝴蝶玩捉迷藏游戏

　　B. 外卖小吃，还有人吃吗

　　C. 疯狂追逐，想抓住蝴蝶

　　D. 他会躲避那个长着翅膀的奇怪刺客

Q9. 你不小心把一包饼干忘在厨房里了。你的狗狗会做什么？

A. 跳起来叼住饼干袋子

B. 上蹿下跳，直到把饼干都弄到地上

C. 什么都不做，零食不动的时候不好玩

D. 她坐着哼哼，直到你意识到自己的疏忽，并给她点好吃的

测试结果

大多数选项为

A

短跑选手
主导型 & 稳定型

  站在起跑线上，预备，跑！这是这类善于短跑的狗狗最爱听的口头禅，不需要太多鼓励，他就能行动起来。一旦他的马达运转起来，就没有回头路了。时尚、别致、充满活力，他是一名心怀金牌的运动员。长距离奔跑不会让他烦恼；事实上，他乐于接受挑战。这类狗狗最有可能是像塞特犬或西班牙猎犬这样的运动品种，对奔跑的需求是他本能的一部分，所以要为大量运动做好准备。如果你也喜欢跑步，他会成为一名出色的指导员，在你遇到困难时激励你继续前进。虽然他不爱窝在椅子里，但休息和玩耍同样重要。在他安静下来之后，就给予适当的奖励，给他吃最喜欢的零食，让我知道安静下来也是一件好事。对于一只全面发展的小狗，他需要很多关注，但作为回报，他会以身作则，激发你和小狗相处的潜力！

大多数选项为

B

取悦者
稳定型 & 适应型

　　这个快乐的女孩可能不是狗狗中最爱运动的，但她会在正确的引导下努力尝试。食物是她的主要动力，所以准备一些她最喜欢的零食，游戏就开始了。她不太可能成为赢家，但只要她是你心中的第一名，她就是一个幸福的姑娘。取悦的欲望和多汁骨头的承诺可以让她振作起来。其他激励措施也很奏效，美味饼干等零食的诱惑力也不容小觑。通过和她玩游戏来吸引她的注意力，通过坚持低热量的饮食来控制她的腰围。她永远不会让你站在起跑线上，但她可能会用俏皮的滑稽动作为你提供笑料。就品种而言，这个类型的狗狗消融了工作犬、牧羊犬和宠物犬之间的藩篱，取悦人类的狗狗品种随处可见。

狗狗的吠叫和玩耍

大多数选项为 **C**

狩猎者
外向型 & 独立型

  猎物是这只小狗脑子里最重要的事情。他很警觉,准备向你宣示他的意志。他喜欢打猎,总是能够迅速发现猎物并快速奔跑,但这并不是说他生性好斗。猎手喜欢追逐的快感,但这不是一场比赛。如果出现更有趣的事情,他会放慢速度,然后放弃先前的目标。他敏锐的感官就像一个雷达,再加上敏捷的身手和短促的爆发力,这意味着他随时可以出击。他对成功的追求和对抓住目标的渴望就是他的动力。虽然他很可能是像阿富汗猎犬这样的狩猎品种,但许多混血犬种和小型犬,甚至是腊肠犬,也有这种天赋。你可以通过改变环境或在游戏过程中引入新的玩具,来让他保持温顺的性格。

大多数选项为 **D**

观察者
内向型 & 适应型

　　这种性格谨慎的狗狗喜欢与外界保持距离。虽然其他小狗喜欢享受奔跑和咆哮的乐趣,但这类狗狗更喜欢和平的相处模式。她会站在终点线前为同伴加油,但是不要指望她会加入。这超出了她的能力范围,而且,无论如何,她都不是为运动而生的。这个世界有时会让她害怕,在她了解一件事情的来龙去脉之前,旁观者就会离开,而她也会退出。温柔地鼓励她加入游戏,如果她玩得很好,别忘了给予奖励。一旦她熟悉了某件事或某个人,你就会看到她不一样的一面。她不再逃避或躲藏,而是会嗅闻并留在原地。她甚至可能会加快步伐并表现出一些兴趣,但还是不会欢蹦乱跳的。对这类狗狗来说,生活需要从容不迫地享受,而不是像赛跑一样时刻冲锋。

狗狗的吠叫和玩耍

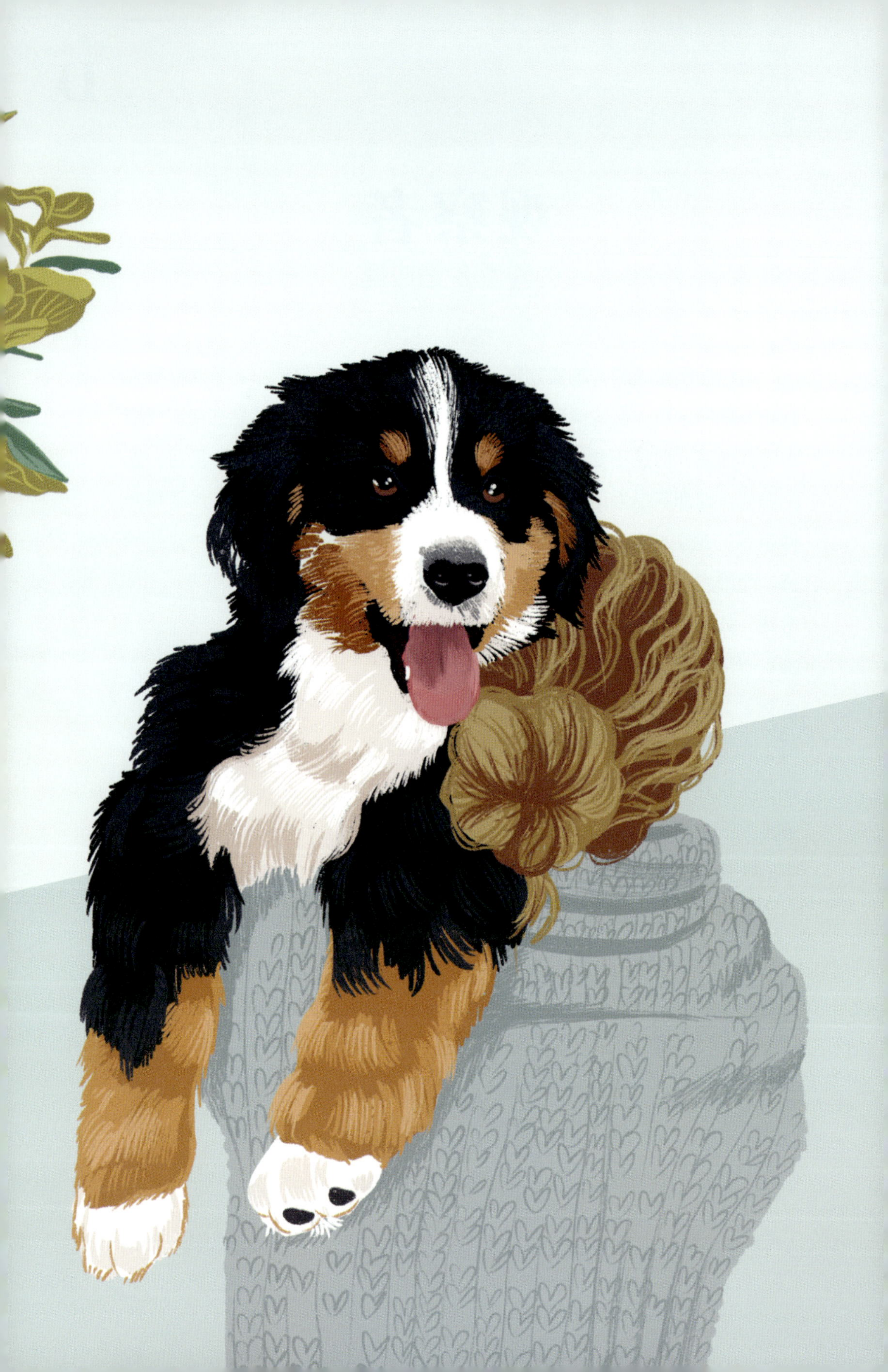

狗狗的感情

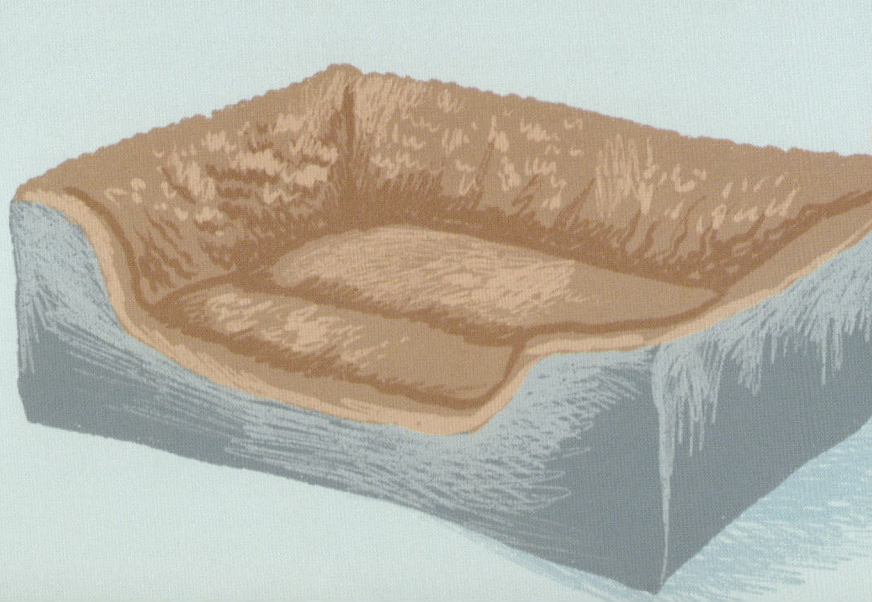

你的狗狗是如何与你建立联系的？

狗是动物王国中最具备共情能力的动物。当我们生病时，它们可以轻松地了解我们的情绪和感觉。聪明的犬科动物可以运用肢体语言、面部表情和超级灵敏的嗅觉来整合这些信息。狗狗敏感的鼻子会嗅出由荷尔蒙和疾病引起的微妙气味变化，所以它们可以分辨出你何时感到失落或疼痛。虽然这在很大程度上解释了你与你的毛孩子之间存在的特殊联系，但在它们的大脑中还有更多的事情发生！

狗的本能是取悦主人并与主人建立感情。这一基本需求，再加上特定品种出现的其他冲动——比如杜宾犬和德国牧羊犬经常表现出保护主人、接受训练或看家护院的渴望——这意味着它们会更加努力地理解你并与你互动。狗狗喜欢模仿主人，它们还可以嗅出危险，并本能地判断出你什么时候需要它们伸出援手。毫无疑问，狗狗是人类最好的朋友。你们之间的紧密联系让它们感觉很舒服，所以它们更愿意让你知道它们的真正性格，以及它们的眼睛深处到底看到了什么。观察它们与你相处时的表现，能够帮你更好地了解狗狗的个性，让你知道如何回报它们的无私真情。

Q1. 你感觉不舒服时，你的狗狗有什么反应？

A. 你的痛就是他的痛，他会默默地安慰你

B. 他用游戏和嬉闹来逗你开心

C. 他蜷缩在你身边

D. 他很谨慎，与你保持距离

Q2. 你终于结束一天漫长的工作回到家。当你走进门时，你的小狗做的第一件事是什么？

A. 她早已等在窗边，守候着你的归来

B. 她叼着食物碗转圈，提醒你现在是下午茶时间

C. 她在门口跳到你身上，差点把你扑倒

D. 她吠叫，摇尾巴，好像在说："你终于回来了！"

Q3. 狗狗以许多不同的方式交流，但你怎么知道你的狗狗什么时候在说"我爱你"？

A. 他满含爱意地看你很久

B. 他跳起来用鼻子蹭你

C. 他热情地舔你的脸

D. 他靠在你身上蹭来蹭去，让你感受他的存在

Q4. 人们经常说主人和他们的狗狗心意相通，你们两个有多相似？

A. 我们就像豆荚里的两颗豌豆，完全"拥有"对方

B. 我们的行为可能并不总是相同，但我们确实相互理解

C. 我说一不二，她完全服从

D. 我们个性互补，互相照顾

Q5. 有人在砸门，你吓了一跳。你的狗狗有什么反应？

A. 他从容地待在你身边

B. 他一跃而起，然后开始狂吠

C. 他低吼呜咽

D. 他像忠实的护卫犬一样勇敢、凶猛地咆哮

Q6. 你度过了压力很大的一天，仍然感觉很紧张。你的狗狗会怎么做？

A. 她坐在你旁边的沙发上，让你随时抚摸她

B. 她叼来她的狗绳，散步对你们俩都有好处

C. 她凑过来让你给她挠痒痒

D. 她蜷缩在附近，保持警惕

Q7. 你正在公园里和一群朋友见面。当你走开时，你的狗狗有什么反应？

A. 没什么大不了的，他跟在你身后小跑

B. 他趁机自己逛了一圈

C. 他变成了"汪汪怪"，大叫不止

D. 他趁你不注意时紧跟在你身后

Q8. 一个陌生人在街上撞到你，险些把你撞倒。你的狗狗会怎么做？

A. 她紧挨着你，发出低沉的咆哮

B. 她发出最大声的吠叫

C. 她惊慌失措，开始呜咽

D. 她站在你前面，向对方亮出獠牙

Q9. 你听到一些好消息,非常兴奋。你的小狗有什么反应?

A. 他能感觉到你的快乐,使劲摇尾巴

B. 他充分利用你的好心情,让你陪他玩他最喜欢的玩具

C. 他感受到这种氛围,但这让他很紧张

D. 他会冲你大叫,像是告诉你"快冷静下来"

测试结果

大多数选项为 **A**

25

超级闺密
稳定型 & 适应型

　　敏感却温柔甜美，这类狗狗似乎在你做事之前就知道你在想什么。你是她的心头所爱，因此，她将了解你的一切作为自己的使命。她熟悉你的气味，而且她的观察力是首屈一指的，无论你走到哪里，她都会陪在你身边，确保你没事，但又不会过度保护或黏着你。一切尽在不言中！肢体语言就是明证，你们完美地相互映照。无论你是需要空间独处，还是在艰难时刻需要一个毛茸茸的肩膀依靠，或是需要一只小狗来陪伴，她一定会以温柔的方式给你回应。像这样的关系往往一生只有一次，所以珍惜这份亲密的感情，一起创造更多美好的回忆吧。

宠物心理指导手册——81问带你解锁爱犬密码

毛茸茸小可爱
稳定型 & 外向型

大多数选项为 **B**

　　如果你情绪低落，这只狗狗一定会让你振作起来。他似乎知道什么对你最好，并且善于运用智慧把你逗笑。当他发现你无精打采，那他会是那个用鼻子拱着你出门散步的小家伙。毕竟，这个毛茸茸小可爱知道，对你有好处的东西对他也有好处。他可以感觉到你身体的变化，并让你们两个都活跃起来。如果你正在寻找啦啦队长，那这个小伙子符合要求。当你获得成功时，他会在一旁大叫着鼓励你。他喜欢发出一些声音，但他的热情很具有感染力，有时这正是让你振奋精神所需要的。虽然他可能并不总能理解你，但他会把你的最大利益放在心上；他的使命就是让你过得更好。

天使宝贝
内向型 & 适应型

这个小可爱能融化你的心。她什么事都听你的。如果你很好,她就很好,但如果你陷入困境,这只小狗也会狼狈不堪。像大多数狗狗一样,她是一个善解人意的小家伙,而且能确切地知道你的感受。她能感觉到危险,却没有勇气全力以赴保护你,危险只会让她警觉起来。她能感觉到你的痛苦,自己也陪着你痛苦,直到崩溃。天使狗狗需要陪伴,如果你突然离开,她就可能产生分离焦虑。训练和鼓励是培养她自信的关键。用她的床和她最喜欢的东西打造一个特殊的空间,鼓励她每天在没有你的情况下在那里待上一段时间。她做事犹犹豫豫,但只要知道你在她身边,事情就并没有那么糟糕。也就是说,这只小狗知道如何用拥抱取悦主人,没有什么比狗狗的爱更讨喜的了。

大多数选项为 **D**

保镖
主导型 & 独立型

　　这个小伙子非常认真地对待自己在生活中扮演的角色。他的使命是不惜一切代价保护你，作为回报，你将成为他一生的伙伴和最好的主人。就他而言，你们是天造地设的好搭档。凭借敏锐的观察力和感知气氛微妙变化的共情力，这个小伙子从不放松警惕。这类狗狗忠诚而充满爱心，不会因挑战而退缩，而是会竭尽全力保护你的安全。虽然他不像有些狗狗那么严肃，但这并不意味着他不在乎你。他会以其他方式表现出对你的关注。他表现稳定、令人安心，总是能让你马上感到轻松又安全。这类狗狗体格健壮，很可能是作为护卫犬饲养的，但别忘了他也是你的朋友，当你给他充分的爱和陪伴，他很快就会意识到人与狗狗之间是互相关照的。

狗狗的感情

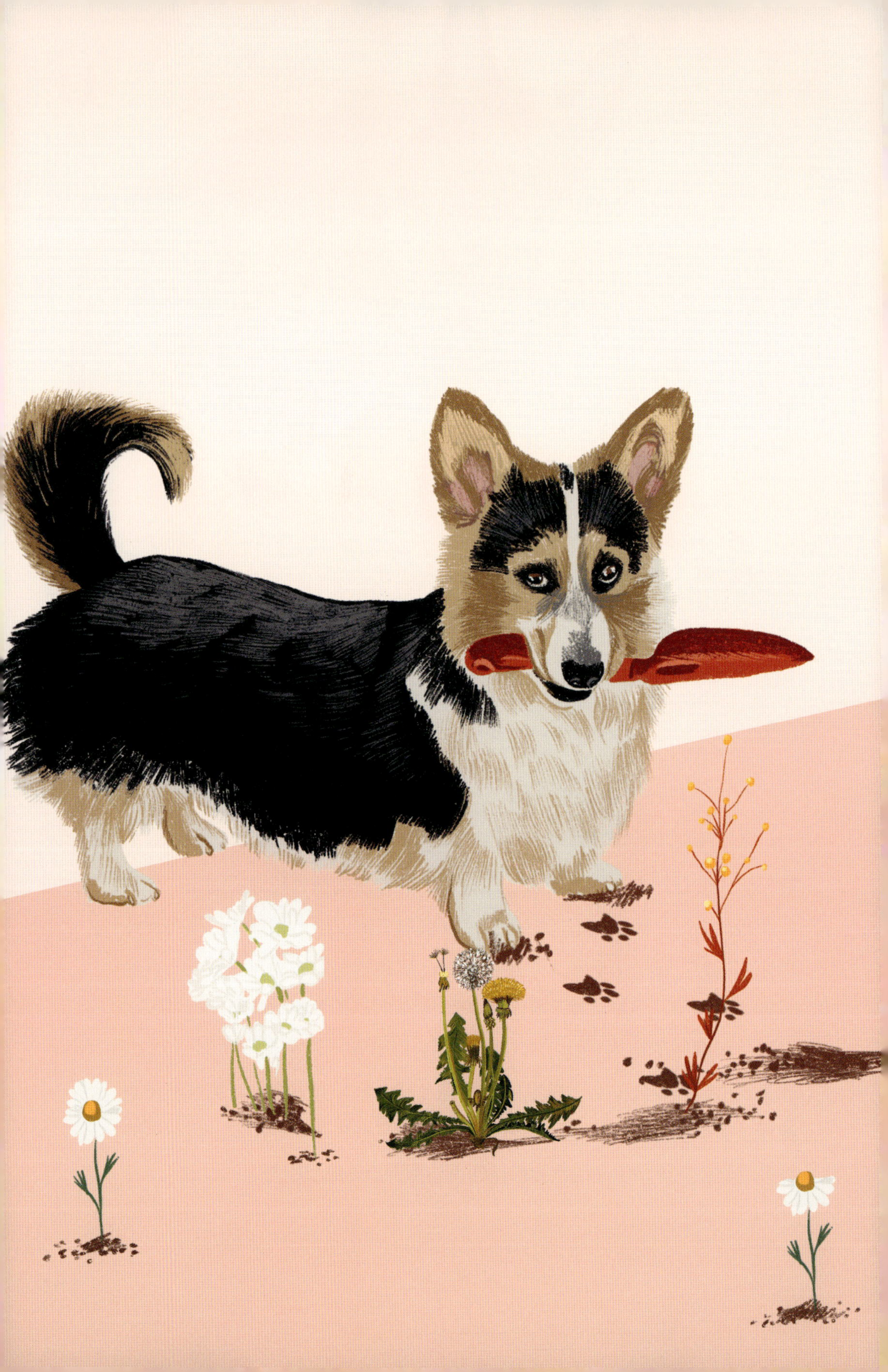

狗狗在行动

你的狗狗如何看待冒险？

狗狗都是实干家。它们喜欢"在路上"，自己找事情做，并利用超级灵敏的感官与外界互动。狗狗鼻子上的每根神经都能单独发挥作用，可以从立体的角度闻出不同的味道，而且它们的听觉也远胜于人类，所以混血犬种总是热衷于寻求新的刺激和体验！在花园里跑来跑去也好，到当地的公园里撒欢狂奔也好，大多数狗狗都喜欢户外活动，不过也总是有些例外。有些狗狗害怕外面的东西，这取决于它们是否曾对更广阔的世界有过体验。对于救援犬来说，它们一旦找到永远的家，就再也不想离开了，这一点并不足为奇。但对于这些类型的幼犬，还是需要人们鼓励它们去享受新的东西，只要你在它们身边就可以。

信心是探索的关键。谨慎的小狗需要安慰，而在你领先的那一刻，好奇的灵魂就消失了。我们不该忘记汽车——有些狗狗喜欢公路旅行！无论你的狗狗适合哪种冒险，它们在快速移动时的表现都揭示出它们是多么的喜悦和欢欣，以及它们在不断变化的环境中是多么的舒适。

Q1. 你们出去散步，快到家的时候，你的狗狗会做什么？

    A. 她四处寻找可以嗅探或追逐的东西，想办法延长她在外面的冒险时间

    B. 她高兴地叫着，蹭着你的腿往家走

    C. 她试图向相反的方向拉她的狗绳，想要挣脱

    D. 她加速奔跑，把你拖到家门口

Q2. 与你同行时，你的狗狗表现如何？

    A. 他总是向不同的方向跑动

    B. 跟在你后面，完美配合你的脚步

    C. 他匀速陪着你走

    D. 他走得很勉强，他喜欢慢吞吞地踱步

Q3. 尽管你的狗狗渴望沿着常规路线活动，但做出一点改变可能会更好。你的狗狗最喜欢的运动路线是什么？

    A. 在树林中艰难跋涉

    B. 和你一起享受在公园中漫步的时光

    C. 开阔的田野，她可以跑得又远又快

    D. 通向家的熟悉街道

狗狗在行动

Q4. 当你转过身去，你的狗狗可能会做什么？

A. 环顾四周，寻找有趣的气味

B. 留在你身边，等你注意到他

C. 撒腿就跑，让你望尘莫及

D. 抓住机会，搞些小动作

Q5. 你第一次把狗狗带到了一个新的地方，她有什么反应？

A. 她的鼻子抽动，尾巴摇晃，迫不及待地想去探索

B. 她一开始很紧张，但经过一些温柔安慰就放松下来

C. 她在这片区域寻找想去的方向，然后就出发了

D. 她大声吼叫，表达她的不满

Q6. 你的小狗最喜欢的一日活动是什么？

A. 乡村之旅

B. 和你一起逛商店

C. 在海滩玩一天

D. 和你到当地的咖啡馆放松一下，享用美食

Q7. 你的狗狗是亲水宝宝还是陆地爱好者？

A. 如果水中有什么有趣的东西，她就会潜入水中

B. 她是陆地爱好者，水把她吓坏了

C. 这只狗每天都在玩，哪里都可以

D. 你叫她的时候，她会躲在水面下

Q8. 你们一起旅行的时候，你和一个陌生人聊天，你的狗狗有什么反应？

A. 他很高兴能结交一个新朋友，于是走过去闻闻并舔舔对方

B. 他的保护本能被激活，他大声吠叫

C. 他很沮丧，这个人占用了宝贵的旅行时间，而且威胁到他的地位

D. 他闷闷不乐地倒在你身后

Q9. 你要冒险去更远的地方,并决定把狗狗带上车,她是一位怎样的乘客?

A. 她把头伸出车窗外,摇摆尾巴——这是一个快乐的旅行者

B. 她会待在笼子里,像胎儿一样蜷缩着,不到目的地不出来

C. 踱步和抱怨,她想在外面奔跑,而不是被困在金属马车里

D. 只要她不需要做任何事情,她就可以看着这个世界从眼前飞驰而过

测试结果

刺激追寻者
主导型 & 外向型

生活就像过山车，这个小伙子喜欢玩这个游戏！他知道每一天的每一分钟都充满冒险，不管是新的气味和声音，还是美味的发现，都让他非常兴奋，狂摇尾巴。他喜欢开辟新天地，如果这意味着打破规则，那就这样吧。这只强大的狗狗在恐惧面前会大声咆哮，虽然他可以接受训练，但他更喜欢我行我素。也就是说，如果你带他去更好的地方玩，他会用滑稽的动作逗你开心，以此来回报你的好意。他的嗅觉灵敏，又天生喜欢探索，这意味着他很可能成为优秀的猎犬，即使那不是他的品种优势，他也很想尝试。这类狗狗友好且好奇，你可以通过增加训练奖励来让他保持最佳状态。给他设置每天的挑战，让他茁壮成长。这是一只无所不能的小狗。

大多数选项为 **B**

人生慢行者
稳定型 & 适应型

  这个姑娘不是户外活动的忠实粉丝——她可以参与其中，也可以转身离开，但这并不意味着她缺乏乐趣。她喜欢待在你身边，只要你开心，她就会开心。你们的亲密关系建立在时间和信任之上；和你在一起会让她感到安全。她总是想和你玩，喜欢简单的事情，不管是随意逛逛商店，还是在公园里玩捡东西的游戏，都能让她开心。她不需要到太远的地方散步，因为她拥有她需要的一切，虽然她的好奇心可能会被外界的气味激起，但这只狗更喜欢按自己的步伐闲逛，还要走在你前面，以确保你离她只有"一步之遥"。安全是她的首要考虑，如果你感到任何威胁，她会抛开自己的恐惧，释放内心的野兽，让每个人都知道你是她的，而且是她一个人的！

狗狗在行动

大多数选项为 **C**

逃亡者
稳定型 & 独立型

跑，跑，继续跑：这就是这个男孩的座右铭。这类狗狗很可能是像塞特犬或萨路基猎犬这样的运动品种，他能干、敏捷，喜欢伸展四肢。开阔的道路并不会吓到他，事实上，空间越大越好，因为他一旦迈开步子，就没有人能阻止他。如果你打算带他出去，请穿上跑鞋，并确保你也处于最佳运动状态。这样的话，尽管你无法跟上他的脚步，但至少也可以让他保持在你的视线范围之内。充满禁锢和限制的地方对他来说是不快乐的，这类狗狗需要通过定期和长时间的锻炼来满足他对速度的要求。只要让他尽情跑起来，他就会拼尽全力，但也会在你的陪伴和美食中放松下来。

小懒虫

主导型 & 稳定型

你可能会认为这个女孩很懒惰,你是对的!沙发是她最好的朋友,她的床、你的床和任何其他适合她体形的柔软地方都是她的最爱。说到冒险,她错过了备忘录,但没关系。她对自己的命运非常满意,尤其是如果生活中包括与你玩耍和拥抱的话。话虽如此,她还是会不情愿地陪你去兜风,但不要指望她会欢天喜地。这个"沙发土豆"[①]会以任何可能的方式让主人知道她不高兴,比如哼哼唧唧、表情痛苦或步履蹒跚,而且更糟糕的是,她拒绝让步。虽然她喜欢新鲜空气,但她更喜欢站着或坐着看风景,而你则需要承担所有辛苦的工作。这只狗知道运动等于费力气,她忙着无所事事。

---

① 英国人把成天躺着或坐在沙发上看电视的人叫作"沙发土豆"。——编者注

六种狗狗类型计分表

虽然你的狗狗可能不完全属于某一类，但你可以尝试从六种犬类特征中找出它们的主要特征（参见第 4 页）。你可能会发现，很容易就能猜出你的狗狗在相同领域的得分是否很高；或者，它们的特征可能分散在所有六个类别中。无论哪种方式，确定狗狗最主要的特征会让你了解狗狗的真实本性以及驱动它们的内在原因，这将帮助你在训练和建立亲密关系时采用正确的方法。

以下就是简介中提到的将在测验结束时归纳的六大特征。每当你的狗狗符合某个特征时，就画上一个"√"或标记，最后统计得分，就能发现你的狗狗属于哪种主要性格类型：

主导型：.. 总分..........................

稳定型：.. 总分..........................

外向型：.. 总分..........................

内向型：.. 总分..........................

适应型：.. 总分..........................

独立型：.. 总分..........................

结　语

　　本书中的测验旨在帮助你更好地了解你的狗狗，并让你深入理解它们的性格和怪癖。了解狗狗对你的看法、感觉和与你的关系很重要，正如你希望更深入地了解它们一样，它们也试图与你建立一种特殊的联系。

　　虽然性格测试可以帮助你深入了解狗狗的心理构成，但是还有很多内容也需要考虑。就像人类一样，狗狗也在不断进化并学习如何与我们共存。它们的日常行为受到它们的身心感受以及过去经历和周遭事件等外部因素的影响。环境的变化会对狗狗的个性产生影响，尤其对那些喜欢循规蹈矩的狗狗来说更是如此，而且它们也会了解你的感受。

　　你可以将本书作为一个出发点，从中探索你的狗狗的真实本性，并找到帮助它们过上幸福生活的方法。如果它们需要更多刺激，可以定期设计一些游戏环节，包括拼图和寻找零食游戏，以吸引它们的注意力。如果你的小狗患有分离焦虑症，你可以每天躲到另一个房间待几分钟，让狗狗适应分开的时间，逐渐建立它的感知。

　　通过了解更多关于狗狗的信息，你就会知道如何激励它们、提升它们的情绪，以及如何让它们感到安全、有保障和被爱。你还会知道什么时候出了问题或狗狗是否玩得开心。当然，没有什么是一成不变的，狗狗也会带来惊喜，但这也使它们成为生活的乐趣，成为值得我们珍惜的终生伙伴。享受这份冒险吧！

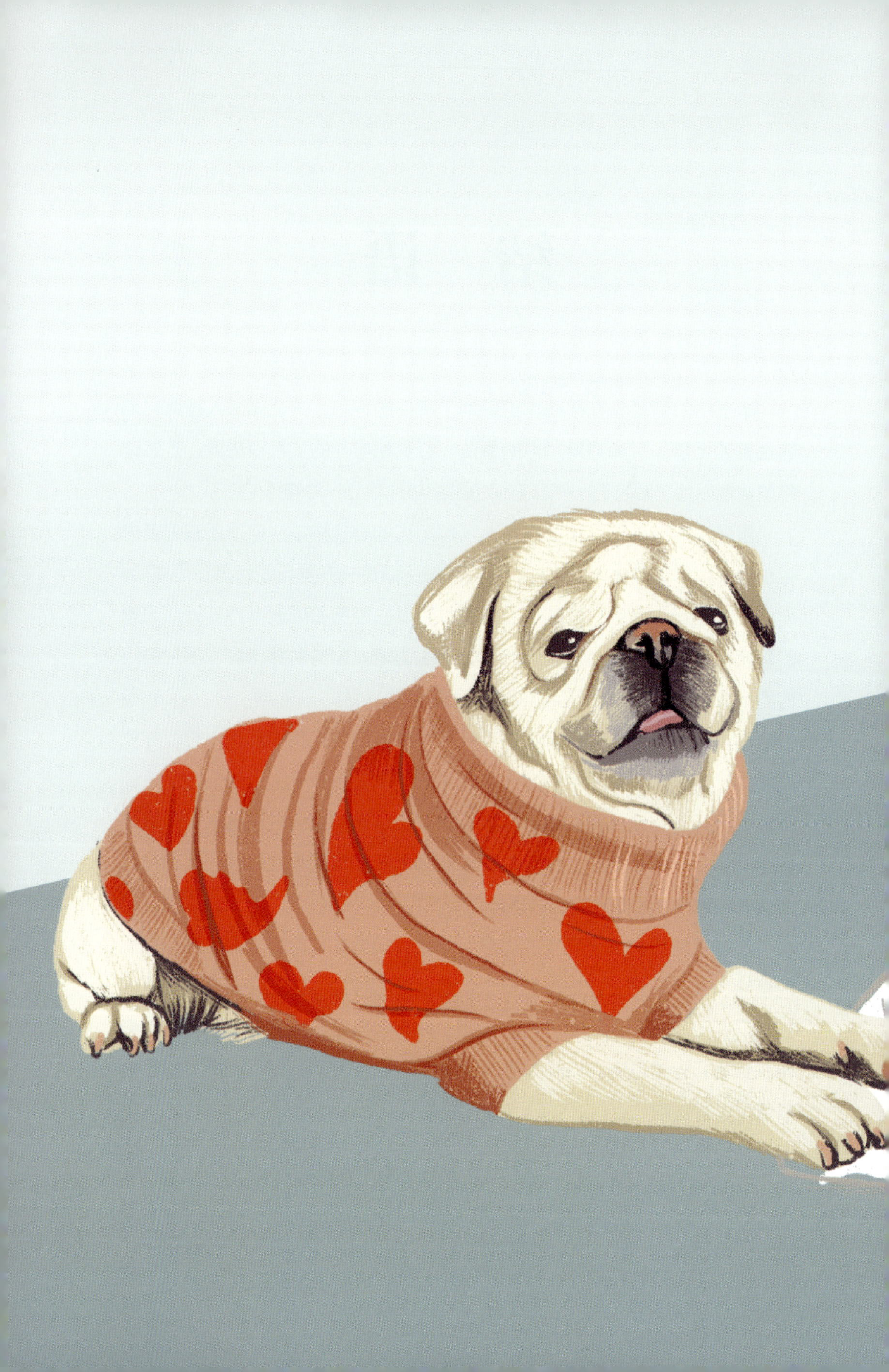

更多内容

狗狗的类型和品种

世界上大约有 400 种不同的、可识别犬类，每个人都可以拥有一个犬类伴侣！你选择哪个品种，取决于你想与哪种狗狗分享你的生活，以及你乐于向狗狗提供什么。你住在哪里、和谁一起住也有一定影响，以及你有多少时间能训练狗狗，这些都是需要考虑的因素。

如果你知道自己适合什么类型的狗狗，明确自己可以提供什么，你就能轻松做出最佳选择。狗狗和人类一样，有各种体态和大小。有些狗狗看起来很漂亮；有些狗狗很机智，而且超级聪明；有些狗狗从很远的地方就能感知到危机；而有些狗狗力量突出、目标明确，会成为团队中极其出色的一员。

为了帮助你找到合适的狗狗，犬种被分为几类，并分别描述了它们的饲养要点，这将帮助你深入了解它们的天性和冲动。查看以下页面上的列表，其中包括一些人们较为熟悉的品种，也可以看看你的狗狗是否符合该品种的特征和类型。

狗狗手册

名牌狗

它们本身通常不被认为是某个品种的狗狗,因为它们是结合了现有品种属性的杂交品种。因此,它们不是为了任何特定的目的而培育的。博爱和温柔的性格使它们深受欢迎,而且它们的名字通常会透露它们的血统,如哈巴小猎犬(哈巴狗和猎犬的后代)。这些幼犬大概率会表现出父母双方的遗传特征,尽管它们的外观可能非常多样。贵宾犬在许多杂交犬种的祖先中扮演过重要角色。

品种包括:拉布拉多德利犬、哈巴小猎犬、可卡颇犬、约克颇犬

推荐画像:出色选手、人生慢行者

枪猎犬

这些可爱的狗狗性格友好,非常善于交际。它们最初是作为狩猎伙伴饲养的。它们技能丰富,能够帮主人狩猎,为主人追踪和取回猎物。

品种包括:英国塞特犬、指示犬、可卡犬、金毛寻回犬

推荐画像:乐天派、狩猎者

猎犬

这些狗狗最初是为了协助狩猎而饲养的,主要分为两类:视觉猎犬和嗅觉猎犬。它们用非凡的视力或灵敏的嗅觉来捕捉猎物。

品种包括:阿富汗猎犬、巴赛特猎犬、比格犬、爱尔兰猎狼犬

推荐画像:刺激追寻者、叛逆者

牧羊犬

牧羊犬善于服从训练、高度活跃，最初饲养时主要是想利用它们放牧和保护牲畜。这些狗狗在世界各地被用来照顾羊、牛和驯鹿等牲畜，并保护它们免受其他捕食者的伤害。

品种包括： 边境牧羊犬、德国牧羊犬、芬兰拉普猎犬、英国古代牧羊犬

推荐画像： 奥运选手、保镖

梗犬

精力充沛且行动力强的梗犬，最初是为了猎杀害虫而饲养的。它们的掠夺天性意味着它们拥有巨大的能量，需要大量的刺激才能感到快乐。它们也可能并不总能与其他狗狗，特别是其他梗犬和睦相处。

品种包括： 斗牛梗、杰克罗素梗、狐狸梗、斯塔福郡斗牛梗

推荐画像： 工作狂、野孩子

宠物犬

这些小型犬（有时体形真的很小！）是专门作为宠物饲养的，最初尤其受到富人和皇室成员青睐。与大多数其他类型不同，养育宠物犬时并没有考虑到工作功能，但它们甜美的天性使它们很容易招人喜欢。

品种包括： 卷毛比熊犬、骑士查理王猎犬、博美犬、哈巴狗

推荐画像： 平面模特、超级闺密

工作犬

　　这些狗狗是为特定工作而培育的，可以做守卫工作、拉雪橇，甚至营救处于危险中的人。它们强壮、勤奋、专注，但它们也可以是温和的巨人。

品种包括：拳师犬、德国宾莎犬、纽芬兰犬、圣伯纳德犬

推荐画像：取悦者、大师

推荐阅读

David Alderton, The Right Dog for You, Ivy Press (2021)

Lili Chin, Doggy Language:
A Dog Lover's Guide to Understanding your Best Friend, Hachette (2020)

Sina Eschenweber, Mental Exercise for Dogs: 101 Best Dog Games for Agility, Intelligence & Fun (2020)

The Monks of New Skete, How to Be Your Dog's Best Friend: The Classic Training Manual for Dog Owners, Little, Brown (1998)

Kyra Sundance, 101 Dog Tricks: Step by Step Activities to Engage, Challenge, and Bond with your Dog, Quarry Books (2007)

Daniel Tatarsky, How Dogs Work: A Head-to-Tail Guide to your Canine, DK (2021)

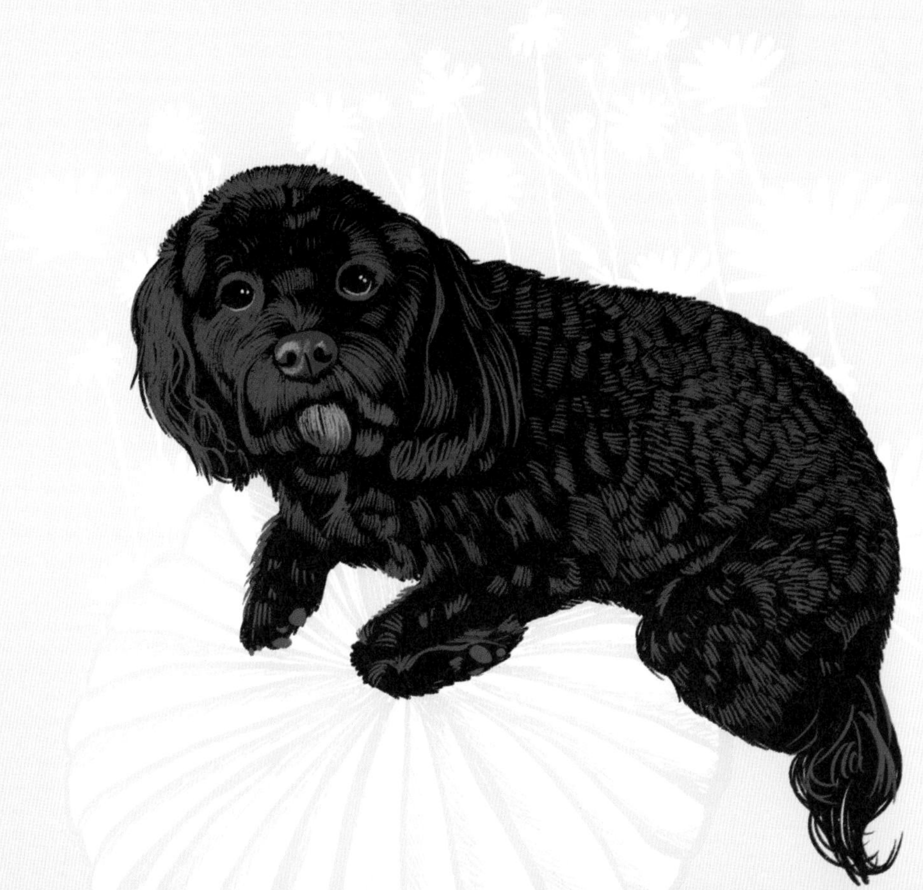

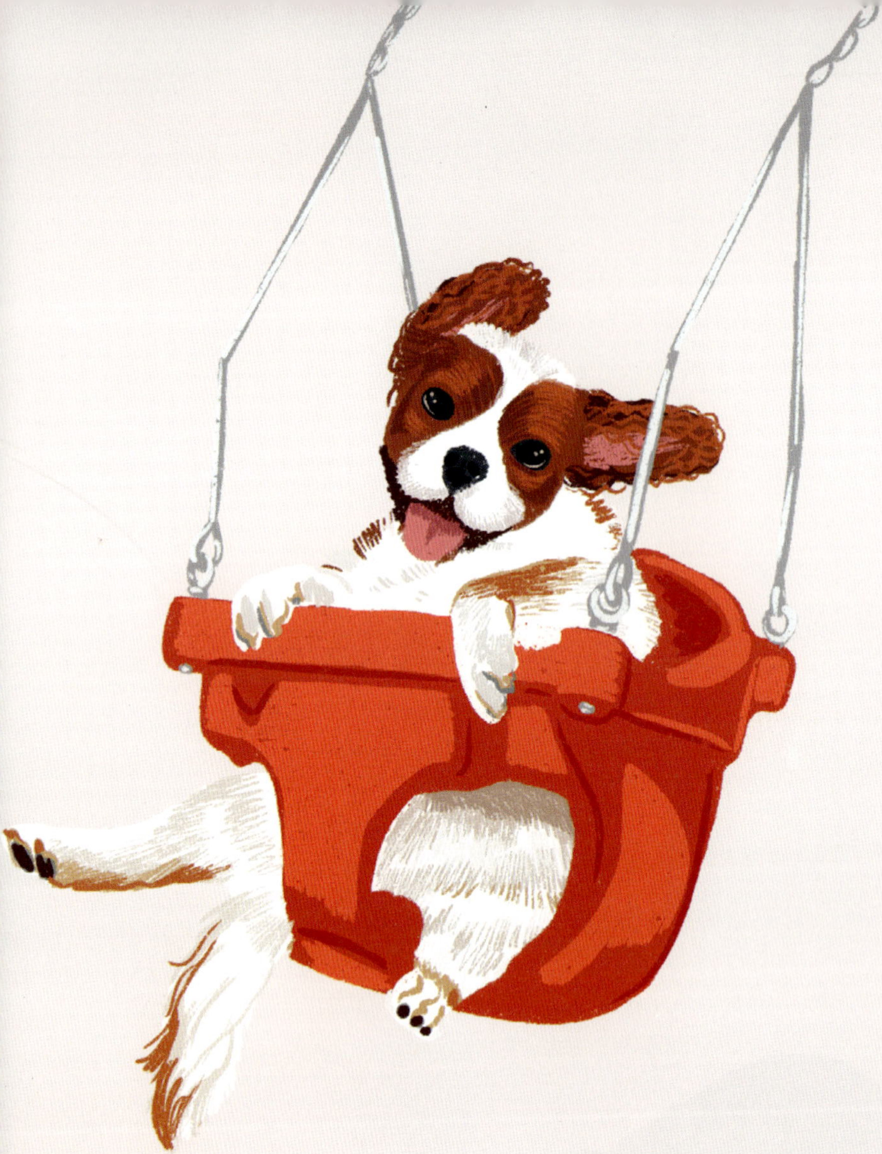